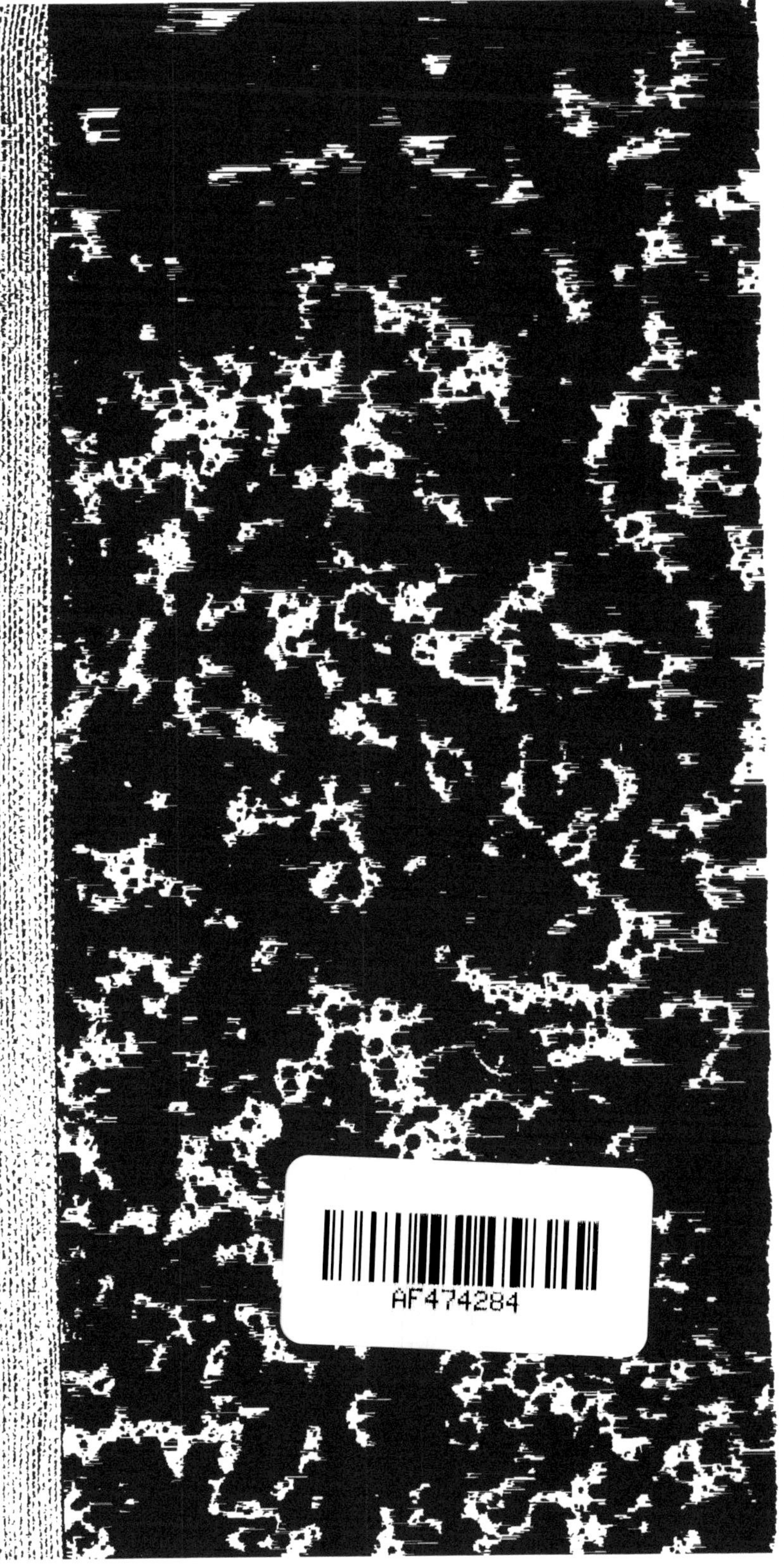

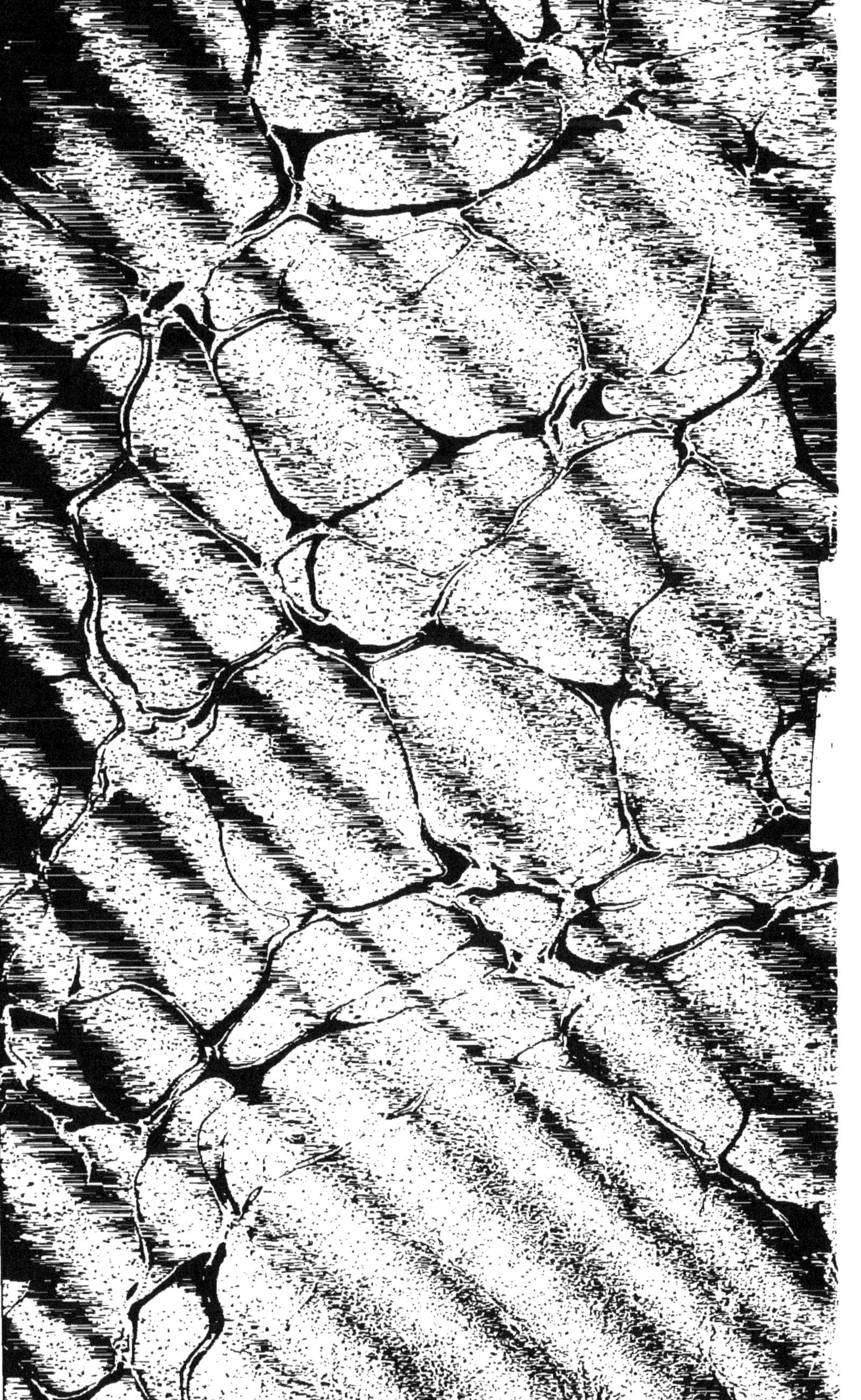

ARTHUR DE CLAPARÈDE

AU JAPON

NOTES ET SOUVENIRS

GENÈVE
H. GEORG, LIBRAIRE-ÉDITEUR
Même Maison à Bâle et [illegible]

LAUSANNE
LIBRAIRIE F. PAYOT
1889

AU JAPON

Ouvrages du même Auteur.

	FR. C.
Essai sur la constitution de l'Eglise catholique depuis les premiers temps jusqu'au pontificat de Boniface III. In-8°	(Épuisé)
Essai sur le droit de représentation diplomatique d'après le droit international moderne. In-8°.	3 —
Quatre semaines sur la côte de Chine. Notes d'un touriste. In-12	1 50
Champéry et le Val d'Illiez. Histoire et description. In-12.	2 50
La Constitution et les Lois constitutionnelles de la République et Canton de Genève réunies, coordonnées et mises en regard de la Constitution fédérale. In-8°	3 —
L'Ile de Malte et ses dépendances. In-8°	(Épuisé)
De la Juridiction des Consulats suisses dans l'Extrême-Orient. In-8°	1 —

LAUSANNE. — IMP. A. BORGEAUD.

ARTHUR DE CLAPARÈDE

AU JAPON

NOTES ET SOUVENIRS

GENÈVE
H. GEORG, LIBRAIRE-ÉDITEUR
Même Maison à Bâle et à Lyon

LAUSANNE
LIBRAIRIE F. PAYOT
1889

Les Notes et Souvenirs ci-après, publiés dans le *Semeur,* d'avril à octobre 1889, ont fait l'objet de trois conférences données à Genève, à l'Athénée, les 5, 11 et 18 décembre 1888, sous les auspices de la Société de Géographie de Genève.

Ces conférences ont été répétées à Lausanne, dans la grande salle des Concerts du Casino-Théâtre, les 7, 10 et 14 janvier 1889.

AU JAPON

CHAPITRE PREMIER

ARRIVÉE AU JAPON

En pleine mer. — On revoit la terre. — Le Fouzi-yama. — Arrivée à Yokohama.

Je ne crois pas qu'il y ait d'impression comparable à celle qu'on éprouve en revoyant la terre après une très longue traversée en pleine mer. On a hâte, dès que la côte est en vue, de quitter la mouvante prison dans laquelle on s'est senti trop longtemps captif, de voir d'autres visages et de frayer avec d'autres gens que ceux avec qui l'on a fait route. On croit les prairies plus vertes, les rues plus animées, les femmes plus jolies qu'au moment du départ : on soupire en un mot après le vulgaire « plancher des vaches ». Cette impression n'est pas toujours durable. Les rumeurs de la ville m'ont fait souvent regretter les solitudes de la haute mer. J'aime le bruissement des vagues et le sifflement du vent dans les hunes, et ce n'est jamais sans émotion que je me rappelle les nuits étoilées, où, sur le tillac d'un navire, coquille de noix perdue sur l'immensité de l'océan, je laissais flotter ma rêverie, bercé par l'ineffable harmonie des mers. Je n'en ai pas moins éprouvé une joie presque enfantine chaque fois que j'ai vu la terre après une longue traversée. La côte la plus aride paraît alors riante et laisse, pour peu qu'elle soit vraiment belle, un souvenir qui ne s'efface plus. Tel est en particulier le cas de l'arrivée au Japon lorsqu'on vient d'Amérique.

C'était le matin du 30 novembre. L'*Alaska* de la *Pacific Mail Steamship C*° avait quitté San-Francisco le 1er, et nous n'avions plus vu, dès lors, que le ciel et l'eau. Ceci à la lettre, car sauf les Farallones, à quelques milles au large de San-Francisco, il n'y a aucune île entre la côte de la Californie et celle du Japon. Nous n'avions pas aperçu le moindre navire, vapeur ou voilier, durant tout le voyage. Nous n'avions pas même rencontré, comme c'est le cas d'ordinaire, le paquebot venant du Japon, ce bâtiment ayant encore suivi l'itinéraire d'été, à deux ou trois degrés de latitude au nord de notre route.

Le vent soufflait du nord-ouest depuis le 29 au soir ; il avait fait rage pendant toute la nuit, mettant ainsi une fois de plus à l'épreuve la solidité de la dunette où se trouvait ma cabine. Le bruit de la rafale doublé par le silence et l'obscurité de la nuit m'avait longtemps tenu éveillé. Je ne dormais que depuis peu, lorsque je fus brusquement réveillé par la voix du premier mécanicien criant que la terre était en vue. Je m'habillai à moitié, j'enfilai un manteau et je m'élançai sur le pont. Je courus sur le gaillard d'avant, où s'étaient déjà réunis les officiers du bord et deux passagers en pantoufles.

A bâbord, on voyait à une assez grande distance, en mer, une île pittoresquement découpée et boisée dans toute son étendue ; dans le lointain, juste en face de nous, à peine visible dans la brume matinale, une pyramide énorme paraissait émerger de l'eau, la distance ne permettant pas encore d'apercevoir la côte. C'était le Fouzi-yama, la montagne sacrée des Japonais, volcan éteint dont le cratère, recouvert de neige, s'élève à plus de trois mille sept cents mètres dans les airs. Tout à coup, le soleil sortant de l'océan vint inonder le Fouzi-yama de ses premiers rayons et fit bientôt resplendir à nos yeux le sol mystérieux de l'empire du Soleil Levant.

Un cri d'admiration s'échappa de la poitrine des passagers qui peu à peu s'étaient rassemblés sur le pont. C'était beau comme un rêve.

En approchant de la terre on distingue de nombreuses anses aux rives ombragées. Des maisons apparaissent au milieu des arbres qui s'avancent jusqu'à la mer. Tout est vert, malgré la saison avancée, frais, riant et coquet. Nous croisons un grand nombre de jonques aux voiles carrées en nattes de bambou. L'*Alaska* contourne lentement les collines boisées de conifères entre lesquels on aperçoit de riches et élégantes villas, et s'en vient enfin jeter l'ancre dans la rade de Yokohama, à peu de distance d'un quai régulier, bordé de belles maisons. Le paquebot est aussitôt entouré d'une multitude d'embarcations montées par des indigènes en costume national. C'est un tel mouvement, un tel va-et-vient, un tel brouhaha que la Corne d'Or, le célèbre port de Constantinople, semblerait tranquille et morne en comparaison.

Les impressions de l'étranger qui arrive au Japon ont été trop souvent et trop bien racontées pour que je veuille essayer de les décrire à mon tour. M. de Hubner à grand raison : « Tout ce qu'on dit reste au-dessous de ce qu'on éprouve en se voyant soudainement transporté dans un monde absolument nouveau. On n'en croit pas ses yeux. A chaque pas qu'on fait on se demande si tout cela n'est pas un rêve, une féerie, un conte des *Mille et une nuits*. Et la vision est si belle qu'on craint qu'elle ne se dissipe! » On ne saurait mieux dire. C'est exactement cela. J'avais la sensation d'un songe, dans lequel tout est surprenant, tout est bizarre, tout est original et de la plus charmante originalité.

Ces hommes qui ont l'air de grands enfants rieurs, ces femmes, mignonnes et étranges qui paraissent détachées d'un paravent tout neuf et qu'on voit trottiner sur leurs sandales à semelles de bois, hautes de quinze centimètres, ces petites voitures traînées par des humains à demi vêtus, ces maisonnettes aux toits retroussés, rappelant je ne sais quel décor d'opéra, tout cela fait l'effet d'une fantasmagorie absolument invraisemblable.

Mais avant de tendre la main au lecteur, — si j'en ai, — pour le guider à travers les cités, les plaines, les montagnes, les institutions du Japon et jusque dans la vie privée de ses habitants, peut-être ne sera-t-il pas superflu de lui donner quelques renseignements préalables sur la géographie et sur l'histoire de ce pays.

CHAPITRE II

COUP D'ŒIL GÉOGRAPHIQUE ET HISTORIQUE.

Géographie générale. — Le climat. — La nature. — L'homme. — Les Aïnos et les Japonais. — Les premiers temps de l'histoire. — La féodalité. — Premiers rapports avec les Européens. — Le christianisme au Japon. — La révolution de 1867-68 et ses conséquences.

Le Japon est un archipel qui s'étend à l'est de l'Asie, du 24me au 51me degré de latitude septentrionale, entre Formose au sud, et le Kamtchatka au nord, sur une longueur de plus de quatre mille kilomètres, tandis que la plus grande largeur de l'île principale n'atteint pas cinq cent cinquante kilomètres.

Le nombre total des îles japonaises est de plus de trois mille huit cents, sans compter les simples îlots, mais quatre de ces îles seulement sont de grandes dimensions. Ce sont, à commencer par le nord, Yézo, Nippon, la plus étendue, à laquelle les Japonais donnent le nom de Hondo, Sikok et Kiousiou. On sait que le Japon s'est vu forcé de céder à la Russie, en 1872, la grande île de Sakhalien, au nord de Yézo, en échange de laquelle il reçut l'archipel infertile des Kouriles. Il faut encore citer au nombre des terres japonaises le groupe des Liou-kieou, au sud de Kiousiou.

La superficie totale des trois mille huit cents îles japonaises est de 379,711 kilomètres carrés, soit plus de neuf fois la superficie de la Suisse, et la population de ce territoire atteint trente-huit millions et demi d'habitants, soit environ treize fois la population de notre pays.

On voit par ces chiffres que la population du Japon est fort dense, 107 habitants par kilomètre carré. En Suisse on n'en compte que 69.

Le nom de Nippon que les géographes européens donnent improprement à l'île principale appartient à l'archipel tout entier. Les Japonais eux-mêmes l'appellent le Daï-Nippon, le Grand Nippon.

Parfois les Japonais donnent aussi à leur pays le nom de Oho-ya-sima, les huit grandes îles. Dans cette supputation, ils ajoutent au Hondo, à Sikok et à Kiousiou, les petites îles de Sado, de Tsou-sima, d'Oki, d'Iki, et d'Avadzi, sans compter Yézo, longtemps considéré par eux comme une colonie et non comme partie intégrante de l'Empire.

L'archipel des Kouriles forme un arc de

cercle régulier de six cent cinquante kilomètres de longueur, s'étendant du Kamtchatka à l'île de Yézo. Les « mille îles, » — c'est la signification du nom japonais Tsisima, donné à ce groupe, — sont d'origine volcanique. Il ne s'y trouve pas moins de cinquante-deux volcans, dont l'un, l'Alaïd ou Araïdo, a une altitude évaluée à 3,200 mètres, disent les uns, à 4480 disent les autres. Cet archipel est d'ailleurs fort peu connu; il est presque inhabité. Les bâtiments de pêche sont seuls à fréquenter ces parages inhospitaliers. La station de Tomari, siège de l'administration de l'archipel, dans l'île de Kounachir, la principale des Kouriles, n'est qu'un misérable hameau de pêcheurs sans aucune importance.

Yézo ou Hokkaïdo, la plus grande des îles du Japon après le Hondo, de forme irrégulièrement quadrangulaire, se trouve entre les îles de Sakhalien, aujourd'hui territoire russe, et de Nippon. C'est une région éminemment volcanique, comme du reste tout l'archipel japonais Les sommets les plus élevés, la Solfatare du Diable (Itasibe-oni) atteint 2593 mètres d'altitude. Le Tokatsi-take et le Youvari-take s'élèvent l'un à 2500, l'autre à 2440 mètres. Plusieurs des volcans de l'île ont encore de fréquentes éruptions; les tremblements de terre sont plus nombreux qu'ailleurs et des vapeurs sortent pour ainsi dire de toutes les anfractuosités du sol.

Le pays est fort peu peuplé, car cette île, plus grande que l'Irlande, ne compte pas cent mille habitants. Hakodate, sur la rive méridionale, n'est qu'une ville de 28,000 âmes, et Sapporo, création récente du Département de la colonisation, dans l'intérieur de l'île, n'a point pris le développement qu'en attendaient ses promoteurs. Il y a du reste encore maintes régions inoccupées dans Yézo, car, ainsi que l'a remarqué M. Bousquet, c'est une erreur de croire qu'il s'y trouve beaucoup de forêts, il n'y en a qu'une seule, mais elle couvre toute l'île.

Toute autre est la grande île de Hondo que, pour nous conformer à l'usage établi, nous appellerons Nippon, bien que ce nom désigne l'empire entier pour les Japonais.

La population y est dense et le pays en général bien cultivé ; ce n'est pas que les chaînes de montagne n'y soient nombreuses ; il y en a partout et elles s'alignent en rangées plus ou moins parallèles, dans la direction générale du N.-N.-E. au S.-S.-O. Le sommet le plus élevé, la montagne sainte du Japon, le Fouzi-yama ou Fouzi-no-yama, a une altitude de 3769 mètres, dépassant ainsi d'un millier de mètres la plupart des autres cimes de l'île de Nippon. Pendant dix mois de l'année son cratère est recouvert de neige. Sa base,de forme à peu près circulaire, n'a pas moins de 150 kilomètres de tour.

Le Mi-take a plus de 3,000 mètres et le Tate-yama en a 2820. Plusieurs autres sommets s'élèvent à 2,600 mètres.

Les cours d'eau sont très nombreux au Japon ; plusieurs d'entre eux se ramifient en une quantité de bras ou de canaux latéraux comme le Tone-gava, qui se jette dans la baie de Tokio ; mais aucun n'atteint une grande longueur.

Les lacs ne manquent pas non plus dans ce pays de montagnes, et l'un d'eux, le lac de Biva, d'une superficie plus grande que celle du lac de Genève auquel on l'a souvent comparé, est justement réputé pour le site pittoresque de ses rives boisées. Le lac de Hakoné, beaucoup plus petit, n'est pas moins beau, et celui de Tsiusenzi est plus célèbre encore, grâce au voisinage du fameux sanctuaire de Nikko.

Nippon est l'île la plus vaste et la plus peuplée : 27,836,067 habitants, soit 124 âmes par kilomètre carré. C'est le Japon le plus japonais. C'est là que se trouvent les plus grandes cités : Tokio, Osaka, Kioto. C'est également Nippon qui a le principal port de commerce par lequel l'empire du Soleil Levant communique avec l'occident, Yokohama.

La côte sud de Nippon est baignée par ce que l'on appelle la « Mer intérieure du Japon », sorte de Méditerranée que limite au nord la grande île, au sud Sikok et Kiousiou. Le détroit de Shimonoseki la fait communiquer à l'ouest, avec le canal de Corée, et trois autres passes y donnent accès depuis l'océan Pacifique, au sud et à l'est.

L'île de Sikok, terre schisteuse, n'a pas de volcans en activité et son plus haut sommet ne dépasse pas 1,400 mètres. Kiousiou, plus étendue, est une région tout à fait volcanique. C'est dans cette île que se trouve la ville de Nagasaki, qui fut pendant longtemps le seul port par lequel le Japon eut quelques relations avec l'Europe.

Au sud de Kiousiou se trouvent de nombreuses petites îles sans importance et, enfin, plus au sud encore, l'archipel des Liou-kieou ou Riou-kiou, longtemps vassal de la Chine et du Japon, et définitivement incorporé à ce dernier Etat à partir de l'année 1874.

Tels sont, esquissés à très grands traits, les principaux caractères géographiques du Japon. On pourrait les résumer ainsi : Terre volcanique par excellence ; îles et îlots secoués par des tremblements de terre, peut-être plus fréquents que partout ailleurs, les îles de la Sonde exceptées ; pays montagneux, très boisé, cultivé avec soin jusque dans les moindres recoins partout où il est possible de le faire. Population très dense, surtout celle de la côte orientale de Nippon.

Que dire du climat du Japon ? On conçoit qu'il n'est pas aisé de généraliser lorsqu'il s'agit du climat d'un pays de montagne qui s'étend sur plus de vingt-cinq degrés de latitude. Les Kouriles sont sibériennes, les Liou-kieou sont tropicales.

Cependant, grâce à l'influence toujours modératrice de la mer, le Japon n'a point les extrêmes de froid et de chaleur qu'on remarque en Chine. Un courant marin, le courant noir, venant de la Malaisie et des Philippines, baigne la côte orientale du Japon et son influence est assez grande pour qu'on puisse constater, à latitude égale, une élévation de quelques degrés dans la température de la côte est, par rapport à la côte ouest. Le climat du Japon est plus chaud que celui du continent asiatique voisin, mais, toujours à latitude égale, il est de cinq à six degrés plus froid que celui d'Europe.

Il pleut beaucoup au Japon ; à Yokohama, par exemple, il ne tombe pas moins de 179 centimètres de pluie par an, à Nagasaki 121, et à Hakodate 131. Comme points de comparaison je rappellerai qu'à Genève il ne tombe que 78 centimètres de pluie, à Lausanne 102 et à Montreux 128. Il pleut donc deux fois plus à Yokohama qu'à Genève. La répartition des pluies y est d'ailleurs fort différente. Au Japon, il ne pleut guère que durant la saison chaude, alors que la mousson, vent périodique et régulier, souffle du sud-ouest. L'hiver, qui correspond à la période de la mousson du nord-est, est au contraire généralement fort sec. Grâce à l'alternance des moussons, de six mois en six mois, les saisons ont au Japon une régularité parfaite.

Ce renversement de la mousson, en automne et au printemps, ne s'opère pas en un jour et, à ces deux époques de l'année, l'on conçoit les dangers qu'offre la navigation. C'est par excellence la période redoutable des typhons, ces vents tournants qui dans leur mouvement giratoire engloutissent tout ce qu'ils rencontrent. Les typhons ne se produisent guère que dans les mers de Chine, à la latitude des Liou-kicou et jusque sur la côte de Kiousiou. La côte de Nippon en est généralement indemne. Il est impossible de se figurer ce fléau si l'on n'en a vu les traces. A trois années de distance, Hongkong et Macao se ressentaient encore de l'un de ces cyclones. A Hongkong, des maisons entières avaient été balayées par la vague furieuse et un gros navire à vapeur jeté en pleine ville comme une nacelle soulevée par la tempête. A Macao, des pierres de taille de plusieurs mètres cubes formant l'angle d'un fortin portugais avaient été descellées et roulées au loin comme des galets sur la grève.

La faune du Japon est très pauvre ; sauf en ce qui concerne l'ornithologie. Les oiseaux divers y abondent. Parmi les gros carnassiers il n'y a guère que l'ours, le loup et le renard. Quant aux animaux domestiques, on peut citer le chien, le cochon et le cheval ; encore ce dernier est-il si rare que c'est à peine si on peut le compter. Les autres animaux domestiques viennent de Chine et n'existent qu'en très petit nombre au Japon, où ils sont réservés au service des Européens. Il ne faut pas oublier de mentionner le ver à soie pour lequel la culture du mûrier a lieu sur une grande échelle.

La flore du Japon est extrêmement riche, tant en plantes indigènes qu'en plantes importées du continent voisin. On y compte environ 3000 espèces réparties en 1035 genres et 154 familles. Chacun connaît le rôle que jouent le riz et l'arbuste à thé dans l'agriculture japonaise. Les cryptomérias et les bambous qui atteignent jusqu'à vingt mètres de hauteur font la gloire du pays. Les conifères et en général les arbres à feuillage persistant abondent dans tout l'archipel. La plupart des essences d'origine japonaise s'acclimatent d'ailleurs facilement en Europe où elles sont déjà fort connues.

Les richesses minérales ne sont pas moins grandes au Japon.

On y trouve de l'or, de l'argent, du cuivre, du fer, de l'étain, du cobalt, de l'antimoine. Les exploitations les plus considérables sont celles des mines de fer et d'argent. Mais ces filons, quoique importants, ne sont rien à côté des gisements de houille de l'île de Yézo qu'on évalue au chiffre prodigieux de quatre cents milliards de tonnes : assez, remarque M. Elisée Reclus auquel nous avons emprunté plus d'un des renseignements qui précèdent, pour subvenir pendant vingt siècles à la consommation actuelle du monde. Ces immenses richesses sont presque inexploitées.

Nous avons parlé de la densité de la population du Japon, surtout de celle de la côte orientale de Nippon.

Qu'est-ce que cette population ?

Il n'y a guère de pays, il n'y en a peut-être point qui soit habité par une race aussi homogène que celle qui peuple le Japon. A l'exception des Aïnos qui se trouvent au nombre de quelques milliers dans l'ile de Yézo et dans les Kouriles, les trente-huit millions d'habitants du Japon, du nord au sud de l'empire, ont des traits communs frappants, parlent la même langue, ont les mêmes mœurs et se sentent frères dans toute l'acception du terme, frères de race, de sang et d'idées.

J'ai excepté les Aïnos, qui forment, en effet, un peuple à part. On ignore leur origine. Ils prétendent descendre du grand chien blanc (du grand ours blanc), et s'en vantent. Les Japonais, eux, les traitent avec un grand mépris comme une race inférieure née d'un chien. Les Aïnos diffèrent des Japonais, surtout en ce qu'ils ont l'encéphale beaucoup plus développé, le teint moins jaune, et la paupière fendue horizontalement comme dans la race caucasique. Ils sont étonnamment velus. Les poils de leur corps formant parfois un vrai duvet, ont souvent jusqu'à trois et quatre centimètres de longueur. Ce sont, d'ailleurs, en quelque sorte des sauvages, habitant des huttes de nattes et de roseaux, et vivant surtout du produit de la pêche. Leur civilisation n'a guère progressé depuis l'âge de la pierre dont on pourrait les croire contemporains. Ils sont profondément ignorants et ne connaissent pas même l'écriture. Ils étaient jadis beaucoup plus nombreux qu'aujourd'hui et répandus dans tout l'archipel japonais. Confinés maintenant à Yézo et dans les Kouriles, ils ne sont plus que seize mille en tout et vont diminuant d'année en année. C'est une race qui disparaît. On ne sait du reste que fort peu de choses sur eux, les Aïnos se refusant à répondre aux questions des étrangers qu'ils croient de mauvais augure. Ils offrent ainsi encore un vaste champ d'étude aux anthropologistes, et, comme on l'a remarqué, il n'est pas d'attaché de légation qui se rende à Tokio, pas de touriste qui puisse aller au Japon sans qu'on lui demande de rapporter quelques crânes d'Aïnos, promesse toujours faite mais jamais tenue, vu la grande difficulté, pour ne pas dire la quasi-impossibilité, de s'en procurer.

A quelle famille humaine se rattachent les Japonais proprement dits? Sont-ils d'origine malaise? Sont-ils d'origine mongole? Il est difficile de le dire. Ce qui est certain, c'est qu'à une époque antérieure aux temps historiques, une colonie étrangère s'établit au sud du Japon, s'étendit vers le nord, où elle refoula graduellement les indigènes, Aïnos ou autres, aujourd'hui relégués à Yézo, à Sakhalien et dans les Kouriles.

La plupart des anthropologistes leur donnent une origine mongole ; mais on reconnait nettement l'influence du type aïno avec lequel ils doivent avoir eu un nombre infini d'alliances. Aujourd'hui la race a une homogénéité parfaite et, sauf les différences qu'on remarque entre le type du noble et celui du paysan, différences accentuées par la séparation des castes, rien ne ressemble autant à un Japonais qu'un autre Japonais.

Ils sont en général de petite taille : 1m. 50 à 1m. 55 pour les hommes, et les femmes en proportion. Leurs cheveux lisses sont toujours noirs. Ils ont la barbe peu abondante, le teint jaune clair, parfois olivâtre, les yeux écartés et obliques, plus ou moins voilés sous la paupière. Ce sont des gens aimables, doux, gais, rieurs et polis, surtout polis. C'est peut-être là leur trait caractéristique. Avec eux jamais de gros mots ni d'éclats, ni d'emportements. Cette politesse, toute d'étiquette d'ailleurs, se retrouve dans les diverses classes de la société et témoignerait à défaut d'autres preuves, de l'ancienneté de la civilisation japonaise.

S'il faut en croire la tradition japonaise, la dynastie régnante remonte directement à

Jim-mu, le premier mikado et le conquérant du pays, en l'an 660 avant l'ère chrétienne, qui lui-même aurait été le fils de la déesse du soleil. L'empereur actuel, Moutsou-hito, serait le cent-vingt-troisième mikado et sa famille occuperait donc le trône du Japon depuis vingt-six siècles, c'est-à-dire depuis une époque contemporaine de Nabuchodonosor et de Tullus Hostilius. Tout en faisant la part de la légende et en n'ajoutant à ces récits que l'intérêt qui s'attache aux vieux mythes, il est certain qu'aucune maison souveraine n'a une généalogie qui puisse approcher, même de loin, de celle des mikados. Sans doute, les annales chinoises, égyptiennes ou israélites remontent à une antiquité bien autrement reculée ; mais combien de fois la chaîne des temps n'y a-telle pas été brusquement rompue ?

Jim-mu aurait vécu cent trente-sept années. Ses successeurs se distinguent également par une longévité extraordinaire. Rien à signaler du reste dans cette première période de l'histoire du Japon, si ce n'est la conquête graduelle de l'archipel, l'assimilation des aborigènes et le refoulement au nord de ceux qui ne s'assimilèrent pas ; puis, surtout, l'expédition victorieuse contre la Corée, province tributaire de la Chine, expédition entreprise en l'an 860 de la chronologie japonaise, (l'an 200 de l'ère chrétienne). Cette expédition eut des résultats considérables. Les Japonais vainqueurs soumirent les Coréens à un tribut, mais il en fut de la Corée qui, sous l'influence chinoise, avait atteint un développement remarquable dans les lettres, les sciences et les arts, comme de l'ancienne Grèce lors de la conquête romaine, *Ferum capta victorem cepit.* Le vaincu civilisé conquit son vainqueur barbare. La religion chinoise, le bouddhisme, envahit rapidement le Japon. C'est à cette époque que remonte l'écriture japonaise et, par conséquent, c'est à cette époque aussi que l'histoire se dégage de ces langes plus ou moins légendaires qui l'enveloppent à ses origines. Dès lors le pays subit l'influence des idées chinoises dont aujourd'hui encore le Japon ne s'est pas absolument dégagé.

Alors aussi prirent naissance les castes, ce redoutable élément d'immobilisation qui encadre en quelque sorte les sociétés de l'Orient. Alors se séparèrent les kugés ou nobles de cour de race impériale, les samuraïs, guerriers à la solde de plus riches qu'eux, et les paysans. Quelques familles prirent bientôt une influence prépondérante, entre autres les Fudjivaras, qui, occupant peu à peu toutes les fonctions importantes, ne tardèrent pas à dominer les empereurs eux-mêmes. Les mikados qui jusqu'alors n'avaient eu d'autre résidence que leur camp, se fixèrent à Kioto en l'an 794 de notre ère. Leurs descendants devaient y résider pendant plus de mille ans, soit jusqu'en 1868, date mémorable qui fut le 1789 du Japon.

Les rivalités de quelques grandes familles qui se disputaient le pouvoir que les faibles mains des mikados ne savaient pas retenir ensanglantèrent longtemps le Japon. Enfin, en 1192, le jeune Yoritomo, dernier représentant de la famille des Minamoto, vainqueur des partisans de ses rivaux, parvint à rassembler sous sa bannière tous les mécontents et fonda la ville de Kamakoura dont il fit sa capitale militaire, rivale de Kioto, la capitale des mikados.

Telle fut l'origine de cette séparation du pouvoir militaire et de l'autorité civile qui a fait croire si longtemps à l'existence de deux empereurs au Japon, l'un temporel, l'autre spirituel. Nous n'entrerons pas dans les détails de cette période de l'histoire japonaise : aussi bien l'isolement dans lequel était ce pays, par rapport à notre Europe, ne lui donne-t-elle pas un intérêt assez général pour qu'il soit nécessaire de nous y arrêter longuement. Notons seulement que la féodalité devint bientôt toute-puissante, qu'elle couvrit le pays de sang et de ruines et qu'au milieu des guerres de daïmio à daïmio, la civilisation ne put que rétrograder et que le pays semblait retourner peu à peu à l'état sauvage.

Au seizième siècle, un homme énergique et intelligent, Nobunaga, s'empara du pouvoir et fit sortir la féodalité japonaise de l'anarchie dans laquelle elle était tombée. Après lui, Hidéyoschi (Taiko-Sama) continua son œuvre et bientôt Yéyas, homme de haute naissance dont la famille, du nom de Tokungava se rattachait à la race des Minamoto, nommé shogun en 1603, transporta sa cour à Yédo qu'il transforma et dont il fit une vraie capitale. C'est à Yéyas que l'on doit entre autres la construction du *Siro*, ce château-fort, qui fait toujours l'admiration des étrangers de passage à Tokio.

Le shogunat atteignit alors son apogée et devint héréditaire dans sa maison. Les Tokungava devaient exercer cette autorité jusqu'à la révolution de 1868 qui restaura le pouvoir impérial et amena une transformation complète dans les rapports du Japon avec les Européens.

Ce fut Marco-Polo, le célèbre voyageur vénitien qui, au treizième siècle, révéla à l'Europe l'existence de cet empire du Soleil Levant qu'il appelait de son nom malais, Zipang ou Zipangu, et dont nos pères ont fait Japon *Japan, Giappone*, etc.

On sait avec quelle ironique incrédulité ses contemporains accueillirent les récits de ses merveilleux voyages qu'ils prirent pour des contes.

Trois siècles durant, la nuit se fit en Europe sur le pays de Zipang où, au dire de Marco-Polo, les palais étaient recouverts d'or et dallés du même métal. Plus tard, au seizième siècle, un aventurier portugais, Mendez Pinto y aborda en 1542 ou 1543, et l'accueil qu'il y reçut engagea d'autres de ses compatriotes à aller à leur tour dans ces parages.

C'est donc aux Portugais que revient l'honneur d'avoir les premiers fait connaître le Japon à l'Europe, car l'odyssée de Marco-Polo n'avait été qu'un incident sans suite. Aux marins portugais succédèrent en 1549 des missionnaires catholiques.

Des jésuites venus de Macao avec quelques aventuriers ne tardèrent pas à y fonder des établissements qui atteignirent rapidement un haut degré de prospérité. Le premier séminaire jésuite fut installé à Founaï, dans l'île de Kiousiou, et ses progrès furent si rapides qu'en 1582 on ne comptait pas moins de deux cents églises au Japon et cent cinquante mille indigènes convertis, — au moins nominalement, — au catholicisme.

Le commerce avait suivi la propagande car les jésuites menaient de front le trafic et la religion. Puis, la politique s'en mêla, et la nouvelle religion devint le ralliement de tous ceux qui luttaient contre le shogun Taïko-Sama. On connaît la réponse que le pilote d'un navire espagnol naufragé au Japon fit au shogun qui lui demandait avec admiration : « Comment donc ton souverain a-t-il pu s'emparer de tant de pays divers ? — Par les armes et la religion, dit le marin ; nos prêtres nous fraient la route en convertissant les peuples au christianisme. Ce n'est plus ensuite pour nous qu'un jeu de les soumettre. »

Cette réponse donna à penser à Taïko-Sama. Il comprit le danger et, dès 1587, les jésuites reçurent l'ordre de quitter le pays. Le décret ne fut pas exécuté rigoureusement, car dix ans après on trouve les missions des jésuites en lutte contre celles des franciscains. Les persécutions commencèrent et en 1638, après un essai de soulèvement de la part des chrétiens indigènes, tentative qui fut impitoyablement réprimée, l'exercice de la religion chrétienne fut interdit sous peine de mort. Toutes les familles dans lesquelles il y avait eu des chrétiens furent soumises à des mesures d'exception et à une surveillance de police spéciale. Le christianisme avait passé, — le mot n'est pas de moi, — comme une bourrasque, ne laissant après lui d'autre trace que l'intolérance inconnue jadis aux Japonais, l'usage du tabac et des armes à feu, ainsi que la recette des *castera*, pâtisserie espagnole qu'on désigne encore aujourd'hui au Japon sous son nom castillan.

Il y a plus qu'une boutade dans cette réflexion. Nulle part peut-être la religion chrétienne ne fit des progrès aussi rapides, au moins en apparence, et nulle part elle ne laissa si peu de traces. Depuis le seizième siècle, les Japonais ont une aversion instinctive pour tout ce qui est chrétien. J'ai vu moi-même il y a quelques années les avis au public rappelant que l'exercice de la religion chrétienne était puni de mort.

Seuls, les Hollandais ayant réussi à persuader les Japonais que leur religion n'avait aucun rapport avec celle des Portugais, puisqu'ils étaient les adversaires du pontife romain, obtinrent de se maintenir dans l'ilot de Décima, situé dans la rade de Nagasaki, d'où ils continuèrent leur trafic avec le Japon. Encore durent-ils pour cela se soumettre à des vexations et à des humiliations sans nombre, consentir au paiement d'un tribut annuel et limiter leur commerce à faire venir d'Europe et à n'y renvoyer qu'un seul navire par an.

Les Anglais avaient essayé d'entrer aussi en relations avec l'empire du Soleil Levant dès le commencement du dix-septième siècle. Diverses causes empêchèrent de pousser ces négociations et ce ne fut qu'en 1673 que Charles II envoya au Japon une mission qui échoua complètement et cela, pour une raison à laquelle la diplomatie britannique n'avait certes pas songé. Le shogun fit répondre qu'il ne pouvait pas entrer en relations avec le roi d'Angleterre, puisque celui-ci avait épousé une fille du roi de Portugal, l'ennemi du Japon, et qu'il donnait vingt jours aux Anglais pour quitter le territoire de l'empire. A tort ou à raison, les Anglais demeurèrent convaincus qu'ils devaient leur échec aux intrigues des Hollandais de Nagasaki, jaloux de conserver la situation privilégiée qui leur permit d'exploiter, deux siècles durant, le monopole du commerce entre le Japon et l'Europe.

Nous ne nous arrêterons pas aux quelques

tentatives des Russes et des Espagnols pour forcer cette porte toujours fermée du Japon. Rien n'était changé à la situation que nous avons indiquée lorsqu'en 1854, le commodore Perry parut avec une escadre américaine dans la baie de Yédo.

On n'avait alors que des notions très imparfaites sur l'organisation du Japon. On savait seulement ou l'on croyait savoir qu'il y existait un régime féodal, que le pays était divisé en principautés héréditaires gouvernées par des daïmios, sorte de grands vassaux de la couronne qui avaient eux-mêmes des vassaux, les samuraïs, petite noblesse d'épée entièrement à la dévotion de ses maîtres. Au-dessus de la hiérarchie féodale, deux souverains, l'un temporel, le shogun, ou siogoun, à Yédo ; l'autre spirituel, le tenno ou mikado, à Kioto, se partageaient le pouvoir suprême. L'un devait être le chef de l'Etat, l'autre, celui de la religion, quelque chose comme le pape et l'empereur au moyen-âge,

Pierre et César en eux accouplant les deux Rome.

Le commodore Perry était porteur d'une lettre adressée par le président des Etats-Unis à « sa Majesté Impériale l'empereur du Japon » qu'il remit aux plénipotentiaires du shogun. A la convention préliminaire conclue le 31 mars 1854 succéda, en 1857, entre le gouvernement des Etats-Unis et celui du shogun du Japon, un traité formel qui ouvrit quelques ports japonais au commerce américain. D'autres puissances, à commencer par l'Angleterre, signèrent des traités identiques avec le shogun. Le traité d'amitié et de commerce entre la Suisse et le Japon porte la date du 6 février 1864. Il a été négocié et signé au nom de la Confédération par M. Aimé Humbert, envoyé extraordinaire et ministre plénipotentiaire du gouvernement fédéral à Yédo.

Les conventions avaient toutes été conclues avec le shogun qui, dans les instruments diplomatiques, prit le titre chinois de taïcoun (Grand Seigneur) du Japon et les cabinets étrangers ne doutèrent pas un instant d'avoir traité avec le souverain de l'Empire. Cependant il n'en n'était rien. La diplomatie avait commis une erreur dont il n'y a guère de précédents dans l'histoire. L'empereur du Japon n'était point le shogun mais bien le mikado. Les shoguns n'étaient que de simples daïmios les plus puissants de tous, beaucoup plus puissants que les mikados eux-mêmes. Depuis deux cents ans ils gouvernaient l'empire en maires du palais tandis-que les mikados, devenus de vrais rois fainéants, n'avaient conservé de la souveraineté que la qualité de chefs suprêmes de la religion. Le mikado n'en était pas moins le souverain légitime du Japon. On ne fut pas longtemps sans s'en apercevoir.

L'ouverture de quelques ports japónais au commerce étranger et la signature de traités diplomatiques par le shogun, agissant comme s'il eût été le souverain, ne tardèrent pas à amener une fermentation dans le pays contre l'autorité du shogun et en faveur du rétablissement de l'ancien pouvoir du mikado.

Une agitation extraordinaire se manifesta bientôt d'une extrémité à l'autre de l'empire. Des samuraïs déclassés, les *rônins*, gens tarés exclus de leur clan par leur seigneur, se faisaient un jeu de tuer les Européens qu'ils rencontraient lorsqu'ils ne se faisaient pas tuer par eux. On allait droit à l'anarchie la plus complète. Déjà le shogun avait dû dispenser les daïmios de l'obligation de résider à Yédo et les seigneurs passaient l'un après l'autre au parti du mikado.

Stotsbachi, qui devait être le dernier des shoguns, entra en charge le 6 janvier 1867. Le prince de Satsuma était l'un des plus puissants et des plus riches parmi les seigneurs féodaux du pays. On prétend que des influences qui n'avaient rien de japonais ne furent pas étrangères à la détermination qu'il prit d'arborer le drapeau du mikado avec tout son clan. A cette époque les Français étaient venus nombreux dans les ports, que le traité franco-japonais leur avait ouverts. Le shogun paraissait faire grand cas des conseils de la légation de France. On assure qu'il n'en fallut pas davantage pour engager le représentant de l'Angleterre à appuyer de tout le poids de l'influence britannique le mouvement qui se dessinait contre le shogun.

A Yokohama, parmi les résidents européens, on ne doutait pas de la victoire des partisans du taïcoun, beaucoup plus nombreux, mieux armés et plus riches que ceux du mikado. Le prince Aïdzu en particulier était à la tête d'une bonne armée à Hakodate.

Mais dans le camp taïcounal on avait compté sans le prestige de la bannière impériale. Il suffit de déployer l'étendard des mikados pour voir les soldats se prosterner la face contre terre au lieu de combattre. Il y eut cependant quelques combats héroïques. Certains corps du nord étaient commandés par des Européens, des Français : ce furent ceux qui firent la plus ferme résistance.

Pendant toute la durée de la guerre civile, la

colline qui domine Yokohama fut occupée par une compagnie de soldats anglais,—l'occupation dura même bien longtemps après le rétablissement de l'ordre. — Du reste, les résidents étrangers avaient organisé entre eux une sorte de garde nationale pour la défense de la factorerie. On faisait des patrouilles à cheval sur les étroites levées de terre que séparent les rizières inondées. Parfois le cheval glissant, le cavalier tombait et faisait le plongeon dans la vase profonde et noire. Les accidents de ce genre étaient si fréquents que les résidents donnèrent le surnom de *Horse-plongers* (plongeurs à cheval) à leur milice improvisée.

Cependant, le parti du mikado grossissait de jour en jour. Il avait pour chefs Sanjo, Saïgo, Ivakura qui est venu à Genève en 1873, alors qu'il était à la tête d'une ambassade japonaise accréditée auprès des principaux Etats d'Europe, les princes de Satsuma, de Tosa et d'autres qui adressèrent au mikado un mémoire demandant le rétablissement de la Constitution impériale, si l'on peut ainsi parler, telle qu'elle existait avant Yoritomo. Le shogun Stotsbashi résigna ses fonctions le 9 novembre 1867. Il ne fut pas remplacé. Son règne avait duré neuf mois. Entre-temps, son frère s'était rendu à Paris à l'occasion de l'exposition universelle, et y avait fait sensation. Les meneurs remplacèrent les gardes du palais encore partisans du shogun par des gardes de daïmios dont la cour était sûre. Le shogunat fut supprimé. Le mikado, Moutsou-hito, jeune homme de dix-sept ans, chargea du gouvernement le prince Arisnugava-no-Mya, Ivakura et Sanjo (3 janvier 1868).

La bannière impériale était, nous l'avons dit, toujours acclamée des populations livrées à elles-mêmes. Les opposants, c'est-à-dire les partisans des Tokungava, firent en maint endroit une courageuse résistance, mais ils furent partout vaincus.

Le jeune empereur déclara solennellement ouvrir un nouveau « nengo, » c'est-à-dire une ère nouvelle, celle de « Meidji » — ou du gouvernement éclairé, et c'est de cette ère-là dont le nom est significatif que date la chronologie japonaise actuelle. Mais ce n'était pas encore assez, il fallait un nouveau cadre aux grands événements qui s'accomplissaient. L'empereur et ses conseillers le comprirent, et quittant Kioto, résidence des empereurs depuis mille ans, et où depuis deux siècles et demi ses prédécesseurs régnaient en rois fainéants dans l'ombre mystérieuse du Gosho, le jeune empereur, rentré dans la plénitude du pouvoir impérial, vint se fixer en 1868 à Yédo même, dans la capitale des shoguns.

La transformation de l'antique organisation féodale en une monarchie unitaire s'opéra d'une manière qui tient presque du prodige. Il n'y eut pas une goutte de sang répandu. Le prince de Satsuma s'était assuré de l'assentiment des principaux daïmios. Le décret publié fut partout exécuté. On incorpora les troupes des daïmios dans l'armée impériale; défense fut faite aux princes d'avoir des hommes armés à leur solde.

La féodalité fut abolie, les clans furent supprimés et le territoire de l'empire, autrefois gouverné par des daïmios héréditaires, fut divisé en départements ou préfectures (*ken*) au nombre de soixante-et-douze, réduits plus tard à soixante-cinq, — on en compte aujourd'hui quarante-quatre, — auxquels il faut ajouter les trois villes impériales (*fou*) Tokio, Kioto et Osaka. La restauration impériale était achevée, disons mieux, le coup d'Etat ou plutôt la révolution était accomplie.

La restauration du pouvoir mikadonal était due en très grande partie au réveil de la haine nationale contre les étrangers. L'indignation suscitée dans tout le pays par les traités conclus par le shogun avec les barbares avait été la meilleure carte qu'eussent dans leur jeu ceux qui ne rêvaient de faire ce coup d'Etat que pour se saisir de l'autorité. Néanmoins les traités indûment conclus par le shogun furent maintenus. Le nouveau gouvernement ne put pas les répudier et il les observa fidèlement.

Le premier soin du gouvernement impérial après l'heureuse réussite des événements de 1867-68, et voyant l'impossibilité de se débarrasser des étrangers, a été d'entrer en bons rapports avec eux. Il lui fallait faire bonne mine à mauvais jeu et il le fit. Il est d'ailleurs fort possible, il nous paraît même évident, qu'au début le rêve des meneurs de la révolution a été d'emprunter aux « barbares » leurs armes afin de s'en servir pour les chasser. De là, cette fièvre d'imitation qui s'empara du gouvernement japonais.

Puis, devant l'impossibilité de revenir en arrière, c'est-à-dire de chasser l'étranger, on comprit qu'à la vieille civilisation japonaise absolument bouleversée, il fallait substituer quelque chose de nouveau. On prit alors l'Europe pour modèle et la transformation politique du Japon fut suivie de sa transformation sociale. Nous reviendrons sur ce sujet, mais pour bien apprécier la situation actuelle, il nous faut nouer plus ample connaissance avec le pays et avec ses habitants. C'est ce que nous ferons dans les chapitres qui suivent.

CHAPITRE III

YOKOHAMA ET TOKIO

Les trois villes de Yokohama. — Le luxe des étrangers. — Tokio. — La « limite des traités ». — Le territoire fermé. — Préparatifs de voyage. — Départ pour Kioto.

Yokohama, le plus important des ports japonais ouverts au commerce, est aujourd'hui une ville de plus de 70,000 habitants, ou plus exactement une agglomération de trois villes peuplées, l'une de Japonais, l'autre de Chinois et la troisième d'Européens et d'Américains.

C'est celle-ci, la « concession » ou pour nous servir du terme anglais généralement employé, le *settlement*, que l'on aperçoit de prime abord en débarquant. C'est l'une des villes les plus propres et les mieux entretenues qu'on puisse voir. Les maisons, à un ou deux étages, construites en grandes briques carrées, peintes en gris ou en noir, les saillies blanchies à la chaux, ont quelque chose de correct, mais d'un peu froid. Les toits ont tous les bords relevés en ailes de chapeaux de cette forme que les écrans japonais ont depuis longtemps rendue populaire en Occident.

Au lieu de fiacres, des stations de *djinrik-sha* ou *jin-riki-sha,* sur le quai. Ces cabriolets en miniature, ou mieux, ces grands fauteuils roulants montés sur ressorts, sont traînés par des coolies indigènes en guise de chevaux. C'est le mode de locomotion universellement employé au Japon, partout où il y a de bonnes routes. Pour les fortes étapes, deux hommes s'attellent à chaque véhicule, l'un au brancard et l'autre en flèche.

Au nord, et faisant suite au *settlement,* s'étend la ville indigène. Rues étroites, maisons petites et basses, construites pour la plupart en bois et en papier. Nous reviendrons sur ces bâtisses d'un genre spécial qui méritent d'être examinées en détail. Seuls, les magasins incombustibles, sortes de tours en briques réfractaires, dépassent le niveau général fort bas de ces maisons. Les enseignes des boutiques qui pendent verticalement dans la rue (le japonais se lit de haut en bas), les étalages de mille bibelots divers avançant sur la voie publique, les coolies traînant au pas de course les djinrikshas, le clapotement des hautes semelles de bois des indigènes, les riches costumes des femmes, toujours artistement coiffées, contribuent à donner un caractère particulier à ces rues animées et en font, — cela va de soi, — la partie la plus intéressante de Yokohama.

Enfin, derrière la concession qui la sépare de la mer, se trouve la cité chinoise, exclusivement habitée par les « enfants de Han, » qui exercent une foule de petits métiers dans les ports de commerce et remplissent notamment l'office de comptables et de garçons de caisse de toutes les maisons européennes au Japon. Ils offrent un contraste parfait avec les indigènes, et à voir ces gens de haute taille, à l'air grave, vêtus d'une longue tunique bleue, la traditionnelle queue de cheveux pendant le long du dos ou enroulée au sommet de la tête, on se sent en présence d'une race d'hommes très différents des Japonais.

Rien de gracieux comme le tour du Bluff, colline au penchant de laquelle s'étagent, au milieu de la verdure, les riches villas des Européens. C'est la promenade classique que font les étrangers à peine débarqués, et elle en vaut la peine, car l'on domine Yokohama et la vue s'étend au loin sur la baie aux contours sinueux.

Et, si quelque lettre de recommandation

vous ouvre la porte d'une de ces maisons, entrez et vous serez surpris d'y voir régner un luxe véritablement asiatique, quoique ou plutôt parce qu'il vient d'Europe. Chaque meuble, rendu à Yokohama, a déjà coûté, en frais de transport, plus que sa valeur. Il y a en quelque sorte un steeple-chase de magnificence entre les banquiers et les négociants européens ou américains qui résident dans le settlement. Il faut dire, à leur excuse, que sauf les jours de départ et d'arrivée des malles où il y a la correspondance à soigner, les commerçants étrangers n'ont pas grand'-chose à faire, tout se traitant avec les indigènes par l'intermédiaire d'employés chinois ou de courtiers japonais. L'oisiveté aidant, le luxe a fait des progrès inouïs dans la colonie étrangère. On y fait, ou plutôt on y faisait rapidement fortune, il y a quelques années ; aussi les habitudes de dépense ont-elles peu à peu gagné tout le monde, et elles persistent quoique le temps des gains légendaires du début des établissements étrangers soit dès longtemps passé.

Une ligne de chemin de fer, inaugurée le 9 octobre 1872, met Yokohama en communication avec Tokio, la capitale de l'empire. La distance qui sépare les deux villes n'est que de vingt-neuf kilomètres. Le trajet se fait en cinquante minutes. Tokio, c'est-à-dire la capitale de l'est, ainsi nommée depuis que le mikado y a établi le siège du gouvernement en 1868, n'est autre que l'ancienne Yédo, dont le nom a pour l'imagination des Européens quelque chose de prestigieux. C'est une ville immense. Le dernier recensement lui donne une population de 916,359 habitants, et comme les maisons japonaises n'ont en général qu'un rez-de-chaussée ou tout au plus un étage, la superficie de la cité est extrêmement considérable.

J'allai, à plusieurs reprises, à Tokio depuis Yokohama, et, à chaque visite nouvelle, je trouvai un plus grand intérêt à cette capitale *sui generis*. Les monuments proprement dits sont rares : quelques temples seulement sont remarquables, entre autres celui d'Uyéno, au milieu d'un parc ombragé de conifères séculaires, où conduit une avenue de cent-vingt lanternes de pierre, et surtout celui de la Shiba, bien connu par les descriptions des voyageurs, mais dont les principaux bâtiments ont été détruits par un incendie qui, en 1872, dévora tout un quartier de la ville. La Shiba contient les tombeaux de plusieurs taïcouns (les autres sont à Nikko), et les portes de bronze du sanctuaire funéraire sont un chef-d'œuvre de ciselure. Qui n'a entendu parler aussi de la pagode d'Atakusa ou d'Asaksa située à l'entrée de ce fameux quartier de Yoshivara, véritable cité du vice, formée de toutes les maisons de débauche de la capitale ? Et le Myokensama, avec son vieux pin vermoulu dans le tronc duquel vit, au dire de la légende, un monstrueux serpent qui est l'objet d'une grande vénération de la part du bas peuple. Le Siro, l'ancienne forteresse féodale des shoguns, aujourd'hui château impérial, est ceint d'une muraille, construite en blocs, dont les dimensions rappellent les travaux des Etrusques, et entouré d'un fossé qui n'a pas moins de six kilomètres de développement. Groupées autour du Siro, les maisons fortes des daïmios servent aujourd'hui de bureaux aux ministères et aux principales administrations de l'Etat.

Rien de curieux comme la promenade dans les rues. La flânerie y est intérêt et instruction. Les rues sont étroites ; on n'y circule qu'à pied ou en djinriksha ; ça et là, mais rarement un cavalier. La cohue est parfois intense. Le centre du mouvement commercial est dans le quartier qui s'étend à l'est du Siro, du côté de la mer. C'est là aussi que se trouve le fameux pont du Soleil Levant, le Nippon bashi ou hashi, à partir duquel on compte toutes les distances dans l'empire. Quant au port, il n'a que peu d'importance ; la rade manque de fond et les gros navires ne peuvent y mouiller. Yokohama est le véritable port de Tokio. Aussi, bien que les étrangers aient une concession dans la capitale, y sont-ils fort peu nombreux; pour eux, le centre des affaires n'est pas dans la grande cité, mais à Yokohama.

Si les rues sont animées, le fleuve et les canaux ne le sont pas moins. Grâce à la multitude des cours d'eau naturels ou artificiels qui sillonnent la capitale et lui donnent son cachet particulier, le transport des denrées s'effectue facilement et à peu de frais. Les grosses jonques, même celles venues de la mer, peuvent pénétrer par ces voies jusqu'au cœur de Tokio, les ponts bombés formant tous un cintre, parfois prodigieux, pour laisser passer la mâture plus ou moins abaissée des bateaux.

Je fis plusieurs excursions aux environs de Yokohama. J'allai notamment à Kamakoura, où se trouve le fameux Daï-Boutsou, statue colossale de Bouddha, en bronze, de plus de treize mètres de hauteur; on peut entrer dans l'intérieur de la statue où il y a un sanctuaire bouddhique. Je visitai aussi l'île sacrée d'Enoshima, dont la végétation luxuriante offre un coup d'œil merveilleux ; j'y ai vu les plus belles azalées du monde et des camélias gros comme des charmilles.

Après avoir passé quelques jours à Yokohama, j'étais sous le charme de cette séduction que le Japon inspire en général aux étrangers qui le voient pour la première fois, et je songeai bientôt à faire un voyage dans l'intérieur du pays. J'éprouvai ce sentiment naturel aux étrangers dont parle M. Georges Bousquet dans son remarquable ouvrage sur le Japon : « Lorsqu'on a, pendant quelque temps, vécu au Japon, dit-il, forcé de se mouvoir dans les bornes étroites assignées aux étrangers autour de chaque port ouvert, on se sent pris d'un irrésistible désir de franchir ces barrières artificielles fixées par le *Treaty limit*, de pénétrer plus avant et de visiter à l'aise les mystérieuses contrées du Daï-Nippon. On se dit instinctivement que les habitants des villes ouvertes ont perdu, au contact des étrangers, quelque chose de leur originalité, et l'on voudrait voir de près ces populations primitives, que n'a pas encore atteintes le mouvement de réforme qui se prépare autour d'elles ; mais l'absence complète de moyens de transport publics, l'impossibilité de trouver sur tout le parcours un lit, une chaise, une nourriture qui puisse être digérée par d'autres estomacs que ceux des naturels du pays, et, par-dessus tout, la difficulté d'obtenir du gouvernement l'autorisation nécessaire pour franchir les limites, voilà des obstacles sérieux faits pour ébranler des touristes même intrépides*. »

Le décret de 1638 qui ferma l'accès de l'empire aux étrangers subsiste encore en principe, car les traités n'ont pas ouvert le Japon comme on le croit souvent. Ils ont seulement autorisé les Européens à résider et à faire le commerce dans cinq ports : — Yokohama, avec un petit territoire de vingt-cinq milles à la ronde, Hiogo (Kobé) et Niigata dans l'île de Nippon, Hakodate, dans l'île de Yézo, Nagasaki, dans celle de Kiousiou, — et dans deux des villes impériales, Tokio la capitale, et Osaka, l'une et l'autre dans l'île de Nippon.

Les chefs de missions diplomatiques et les consuls généraux ont seuls, en vertu des conventions, le droit de voyager dans tout l'empire.** Le gouvernement du mikado accorde cependant aux étrangers, sur la de-

---

* *Le Japon de nos jours.*

** Un traité spécial, qui vient d'être conclu, en 1889, entre les Etats-Unis et le Japon fixe les conditions auxquelles les citoyens américains pourront avoir accès dans tout le territoire de l'Empire.

mande des légations ou des consulats, l'autorisation de pénétrer dans le pays, mais seulement pour y entreprendre des voyages d'exploration dans un but scientifique, pour faire l'ascension du Fouzi-yama ou pour visiter quelques localités déterminées.

Confiant dans le vieil adage *Audentes fortuna juvat*, je demandai, avec MM. Gœtting et Antell, — deux touristes dont j'avais fait la connaissance à San Francisco et qui avaient traversé comme moi le Pacifique sur l'*Alaska*, — l'autorisation d'aller, par terre, de Yokohama à Hiogo, par le Tokaïdo et Kioto, pour faire dans le sud de l'île de Nippon des « études relatives à la nature du sol. »

C'était vague, trop vague même et pour cause. Je crois bien que, sans protections, nous ne nous en serions pas tirés; mais grâce à l'appui de la légation de Russie et des consulats généraux de Suisse et d'Allemagne,* grâce aussi à l'obligeance d'un haut fonctionnaire du ministère des affaires étrangères,** dont j'avais fait la connaissance en Autriche, il y a quelques années, nous obtîn-

---

* Mes deux compagnons de route étaient, l'un allemand, M. Gœtting, et l'autre russe (finlandais), M. Antell.

** M. Hiromoto Watanabé, chargé d'affaires du Japon à Vienne, en 1875.

mes assez promptement les passeports nécessaires pour notre voyage. On consentit même à nous dispenser de l'obligation de présenter un rapport sur le résultat des recherches géologiques que nous étions censés entreprendre.

Nous nous occupâmes aussitôt des préparatifs du voyage, et ce ne fut pas petite affaire, car nous avions à parcourir plus de cinq cents kilomètres à travers un pays sur lequel nous n'avions guère de renseignements. La question des vivres, à laquelle M. Antell attachait, non sans raison, beaucoup d'importance, nous occupa assez longtemps ; il ne faut pas oublier qu'il y a quelques années un estomac européen ne trouvait guère, dans l'intérieur du Japon, de nourriture qu'il pût supporter sans y être préparé. Nous fîmes provision de viandes d'Australie, de potages préparés en boîtes, de lait condensé, de légumes conservés, d'épices, de café, de sucre, de biscuits anglais en guise de pain, de vins, de liqueurs, etc., sans oublier les couteaux, les fourchettes, les cuillers, les assiettes, les verres et d'autres ustensiles de ménage et de cuisine. Il fallut songer à tout cela et à bien d'autres choses encore. Ce n'était pas là une des moindres particularités d'un voyage à l'intérieur du Japon ; l'Européen était obligé d'y emporter tout un attirail dont il aurait dû savoir se passer.

J'engageai, par l'intermédiaire du consulat général de Suisse, un jeune Japonais qui baragouinait quelque peu l'anglais et qui connaissait le pays que nous comptions parcourir. Il devait nous servir à la fois de guide, d'interprête et de cuisinier. Après avoir expédié directement en Europe les caïsses contenant les bibelots dont nous avions fait l'acquisition nous consignâmes nos malles au bureau des steamers japonais pour être dirigées par le prochain paquebot sur Kobé, où nous devions les retrouver ; puis nous prîmes congé des excellentes connaissances que nous avions faites à Yokohama. Enfin, le 17 décembre au point du jour, nous fîmes charger nos bagages sur deux djinrikshas. Nous montâmes à notre tour chacun dans un de ces véhicules ; Tadjima, notre guide, en fit autant, et à huit heures et demie, fouette cocher ! ou plutôt, courez braves gens ! notre petite troupe se mit en route pour gagner Kioto.

CHAPITRE IV

DE YOKOHAMA A KIOTO PAR LE TOKAÏDO

« Treaty-limits ». — Première nuit dans une maison de thé. — Les habitations japonaises. — Myanoshita. — Le col et le lac de Hakoné. — Une surprise à Noumadzou. — Fleurs de thé. — La police japonaise. — Hammamatsou. — Nous arrivons dans un pays en pleine insurrection. — Craintes de notre guide. — Yokaïtchi. — Le lac de Biva. — Otsou. — Miidéra. — Arrivée à Kioto.

Nous traversons au grand trot de nos coolies la concession européenne et les quartiers indigènes de Yokohama, et nous atteignons, en une heure et demie environ, le Tokaïdo, la chaussée impériale qui conduit à Kioto. Nos hommes font une halte de quelques instants au village de Fousijava pour reprendre haleine et se désaltérer en buvant du thé. Nous repàrtons bientôt, non sans avoir admiré les auvents sculptés du temple de la localité. Le Tokaïdo, qui mesure deux ou trois mètres de largeur, est bordé par les poteaux d'une ligne télégraphique aboutissant à Hiogo au câble sous-marin de Nagasaki.

Deux autres câbles partent de Nagasaki et mettent, à Vladivostock et à Shanghaï, les télégraphes du Japon en double communication avec l'Europe, tant par les possessions russes de l'Asie que par les mers de Chine et les Indes anglaises.

La circulation est fort active sur le Tokaïdo, dont le sol offre une résistance suffisante pour permettre à nos douze coolies de ne pas quitter le pas de course. Nous croisons un nombre considérable d'indigènes, traînant sur un simple essieu muni de deux roues en bois plein, d'immenses troncs de pins destinés aux constructions navales. La foule est parfois compacte, mais elle s'écarte toujours sans difficulté pour laisser passer nos six djinrikshas qui filent silencieusement à la queue leu leu sur la route battue. C'est à peine si l'on entend le bruit des roues qui tournent et des hommes qui courent, les pieds chaussés de sandales de paille, en disant à demi voix : *Gomen-nasare* (pardon) ! aux passants qu'ils dérangent. Presque partout, les enfants nous saluent d'un joyeux *Ohaïo* (bonjour) !

Vers midi et demi nous faisons halte pour le *tiffin*, — c'est le nom que dans l'Extrême-Orient les Européens donnent au repas du milieu du jour, — dans une auberge ou maison de thé (*tchaya*[*]) du village d'Yotziya, où Tadjima se tire à son honneur et à notre satisfaction de la partie culinaire de sa charge.

A l'est, belle vue sur le Fouzi-yama et l'Oyama tout blancs de neige. Après avoir traversé le Sakava dans un bac avec nos djinrikshas, nous jouissons d'un beau coup d'œil sur l'océan Pacifique, que nous n'avions plus vu depuis Yokohama.

A cinq heures précises, nous arrivons sur les bords du petit fleuve d'Odavara, divisé en cet endroit en deux bras, dont le premier sert de frontière naturelle au territoire ouvert aux étrangers. Un poteau indicateur, portant l'inscription *Treaty limits*, se dresse avant le pont de bois qui est jeté sur l'Odavara. Au-delà, c'est le terrain défendu. Passé ce Rubicon, l'Européen est hors la loi et ne doit plus s'en prendre qu'à lui-même s'il lui advient malheur, comme ce n'était que trop souvent le cas, il y a quelques années, pour les imprudents qui franchissaient cette limite sans permission. Nous arrivons bientôt au gros bourg d'Odavara, où nous nous installons pour la nuit dans la meilleure maison de thé, c'est-à-dire dans la meilleure auberge de la localité. Tadjima nous prépare un sou-

[*] *Tcha* ou *cha* signifie thé, et *ya* maison.

per à l'européenne, que nous arrosons d'un grand nombre de petites tasses de thé à la japonaise.

Ce thé, très léger et à peine coloré, cause presque toujours une forte déception aux Européens la première fois qu'ils y portent les lèvres. On s'y fait d'ailleurs assez vite, et l'on ne tarde pas, en général, à reconnaître que la pâle infusion qu'on a tout d'abord dédaigneusement qualifiée « d'eau chaude » est bien préférable à cet amer breuvage à la mode en Europe sous le nom de thé et qui n'est buvable qu'additionné de sucre et de crême.

Comme la plupart des habitations japonaises, l'hôtellerie où nous sommes descendus est construite en bois et en papier. Quatre madriers forment les angles de l'édifice ; les murs extérieurs, de même que les parois intérieures, ne sont que de simples cloisons d'un papier mince et fort résistant tendu sur des châssis de bois. Ces châssis glissent les uns derrière les autres au moyen de rainures dans lesquelles ils sont emboités, et la maison peut ainsi s'ouvrir de tous les côtés à la fois pour laisser pénétrer l'air et la lumière, ce qui est très nécessaire, car il n'y a pas de fenêtres proprement dites. Ces constructions de bois et de papier ont l'avantage de pouvoir résister aux secousses des tremblements de terre, qui sont très fréquents au Japon et souvent terribles. J'en ai ressenti deux à Yokohama dans la première quinzaine de décembre.

Le plancher des maisons japonaises est invariablement recouvert de nattes en paille de riz ; il n'y a aucun ameublement dans les pièces, tout au plus quelques paravents et quelques cabinets de laque d'un ou deux pieds de hauteur. Les chaises sont inconnues et ne seraient d'ailleurs d'aucun usage, les Japonais ayant l'habitude de s'asseoir sur les talons, à la manière arabe. Des braseros portatifs tiennent lieu de fourneaux et de cheminées ; ils servent à cuire le riz et à faire bouillir l'eau pour le thé, l'alpha et l'oméga de la cuisine japonaise.

L'emploi de braseros dans des maisons dont les murs sont en papier et dont le plancher est recouvert de nattes de paille demande des précautions extrêmes et occasionne fréquemment des incendies qui s'étendent avec une effrayante rapidité. J'ai vu à Tokio le feu dévorer en quelques heures tout un quartier de la ville d'une superficie de plus d'un mille carré. Il est vrai qu'une quinzaine de jours après le désastre quelques maisons étaient presque entièrement reconstruites, la bâtisse des habitations japonaises ne demandant pas un temps considérable.

Après le souper, nous essayons sur nos hôtes, — mais sans grand succès, je dois le dire, — l'effet des quelques mots japonais que nous possédons. Les habitants de la maison de thé, hommes, femmes et enfants, du patron à la dernière des servantes, sont tous venus regarder manger les « barbares » en fumant leurs petites pipes de métal à tuyau de bambou, et nos moindres gestes provoquent chez eux des accès de rire inextinguibles. La haute taille et la belle prestance de M. Gœtting, véritable Allemand du nord, excitent en particulier leur hilarité. Les Japonais rient, du reste, toujours et à tout propos.

Nous faisons ensuite nos préparatifs de nuit. Ce n'est pas long, car, dans le Japon japonais, il faut renoncer à coucher dans un lit, le meilleur ami de l'homme n'y étant pas même connu de réputation. Nous nous roulons dans nos couvertures de voyage et nous nous étendons sur les nattes en paille de riz, d'une propreté exquise, qui recouvrent le plancher. Mais il faut faire un apprentissage avant d'arriver à dormir sur une surface aussi dure et ce n'est que fort tard dans la nuit que je parviens à goûter du repos.

Le lendemain matin nous partons en djinriksha pour Myanoshita. Il a plu à torrents pendant une partie de la nuit, ce qui a quelque peu défoncé le sol sablonneux de la route ; aussi nos coolies commencent-ils à trouver que les Européens sont des gens de poids. Nous quittons le Tokaïdo à Itabashi pour prendre un étroit sentier qui s'élève rapidement le long des flancs de la montagne et qui est à peine assez large pour laisser passer une djinriksha. Rien de pittoresque comme ces rochers abrupts disparaissant au milieu d'une végétation luxuriante de conifères de toute espèce (pins, thuyas, cèdres, cryptomérias), de camélias, de bambous et généralement d'essences aux feuilles toujours vertes. Cette abondance de plantes au feuillage persistant contribue à donner aux paysages japonais le caractère riant et parfois idyllique qui frappe tout d'abord l'étranger. Souvent une grue, une cigogne ou un héron fend l'air à de grandes hauteurs au-dessus de nos têtes. Les gouttes de la pluie tombée pendant la nuit étincellent sur la verdure comme des diamants au soleil.

A un détour du chemin, nous nous trouvons brusquement en face d'un abîme : le sentier a été emporté par un éboulement. Impossible d'aller plus loin en djinriksha.

Nous devons mettre pied à terre pour franchir le mauvais pás le long d'une étroite corniche de terre humide et glissante, entre des rochers escarpés couverts de lichens. Nous continuons notre route à pied avec Tadjima et quatre coolies qui chargent sur leur dos nos provisions et nos bagages, tandis que leurs camarades s'en retournent à Odavara, ramenant les véhicules devenus inutiles. Nous traversons ensuite le village de Toonosava, — on y arrive aujourd'hui en tramway, — où il y a des sources thermales, et celui de Dogashima, et nous atteignons en deux heures de marche environ, toujours en montant, les bains de Myanoshita.

Distance de Yokohama à Odavara : onze ris, et d'Odavara à Myanoshita, trois ris ; en tout, quatorze ris, soit cinquante-quatre kilomètres ou environ.

L'établissement des bains de Myanoshita est une grande maison de thé, propre et bien tenue ; nous y prenons des bains chauds pour ne pas dire brûlants, — à quarante degrés, — dans de grandes piscines où grouillent, pêle-mêle, à de certaines heures, tous les habitants de la localité, sans distinction d'âge ni de sexe. C'est on ne peut plus japonais.

Après le bain, nous fîmes une promenade

dans la montagne jusqu'à un torrent sur les bords duquel on voit sourdre les eaux thermales en abondance. La plupart ont été captées et elles sont amenées à Myanoshita, et au-delà, au moyen de tuyaux de bambou qui m'ont rappelé les conduites en bois de mélèze qui vont de Pfeffers à Ragatz. Des hauteurs de Kiga, l'œil plonge dans la vallée entre des collines verdoyantes. En face, à l'horizon, se dresse la masse énorme du Fouziyama, le tout-puissant volcan. Cette immense pyramide solitaire défie toute description et donne un caractère inexprimable au paysage qu'elle domine de sa grandiose majesté.

Le jardin de notre maison de thé est, en son genre, une merveille. Les Japonais sont, on le sait, passés maîtres dans l'art du jardinage qu'ils entendent à leur manière. Dans un enclos de médiocre étendue, de petits filets d'eau limpide forment de petites cascades qu'alimentent de petits lacs ; de petits ponts formés d'une seule pierre sont jetés sur ces rivières artificielles ; puis, ce sont des vallées, des coteaux, des rochers, des chaînes de montagnes en miniature et jusqu'à un Fouzi-yama de quelques pieds de hauteur, dont le sommet est artistement garni de pierres blanches pour simuler la neige. Une multitude d'arbres de diverses essences, petits sapins, petits cèdres, ombragent les rives des lacs et des rivières de ce parterre liliputien.

Le lendemain, avant de nous laisser partir pour Hakoné, notre hôtesse nous fit à chacun un petit cadeau, et, pour ma part, je reçus une tasse de porcelaine dans un bol de bois naturel laqué à l'intérieur. Cela m'a fait un charmant cendrier pour mon fumoir. Nous la remerciâmes du geste et elle nous répondit par des éclats de rire qui découvrirent ses dents du plus beau noir. Au Japon, toute mère de famille se rase les sourcils et se fait laquer les dents en noir. C'est un usage toujours rigoureusement observé.

Au moment où nous allions nous mettre en route, deux agents de police, en uniforme à l'européenne comme tous les employés de l'Etat, et munis d'une baguette analogue à celle des constables anglais, vinrent, en souriant, nous demander nos passeports. Ils prirent note de nos noms, du but de notre voyage, de la date de notre arrivée à Myanoshita et de notre départ de cette localité, puis s'éloignèrent, toujours en souriant, et en disant à plusieurs reprises : *Arigato*, *Arigato* (merci, merci), avec force courbettes et autres démonstrations de politesse.

Nous partons avec Tadjima et nos quatre

coolies. L'étape d'aujourd'hui se fera à pied. Nous avons un col de montagne à franchir pour atteindre Hakoné et le sentier n'est pas praticable aux djinrikshas. Ce trajet ne peut se faire qu'à pied, à cheval ou en *kango*. Le kango demande un mot d'explication. Qu'on se représente une sorte de panier, de forme oblongue, à deux anses, pouvant contenir un corps humain, mais à la condition qu'il soit plus ou moins plié en trois. Un long et solide bambou est passé dans les deux anses, et deux coolies, marchant, l'un devant, l'autre derrière, le portent sur l'épaule. En cas de mauvais temps, le kango est recouvert d'une sorte de toile en osier ou en papier huilé, imperméable à la pluie. On s'y introduit de côté, comme on peut. et l'on s'y tient également, comme on peut, les genoux aux dents et la tête penchée pour éviter le contact du bambou auquel pend l'appareil.

Tel est le mode de voyager en usage à la montagne, mais pour l'Européen qui n'a pas été accoutumé dès l'enfance à se désosser, c'est une sorte de supplice, et il suffit d'avoir vu de près un kango pour n'avoir aucune envie de s'en servir.

Le temps était radieux, mais froid lorsque nous quittâmes Myanoshita. La température s'était considérablement abaissée pendant la nuit ; il gelait et un violent vent d'ouest nous coupait la figure et la respiration. Le sentier du col de Hakoné s'élève assez rapidement sur le flanc de la montagne à travers une forêt de bambous hauts de quinze à vingt mètres, au sortir de laquelle nous atteignons de vastes prairies dépourvues d'arbres. On jouit, au fur et à mesure qu'on monte, d'un panorama plus étendu de la contrée que nous avons parcourue la veille et l'avant-veille et de la côte orientale de Nippon, de la baie d'Odavara jusqu'à la baie de Yédo.

Vers midi, nous faisons halte pour le tiffin à Hashi-no-yu, station thermale connue dans tout le Japon par ses bains sulfureux. Parvenus au sommet du col (850 m.), nous avons peine à avancer, tant le vent est violent. Sur l'autre versant, à quelque distance d'un petit lac que nous laissons sur notre droite est une belle statue de Bouddha de grandeur double de nature, taillée dans un pan de rocher vertical.

Le lac de Hakoné, aux flots bleus et limpides, se découvre tout à coup à nos regards au milieu d'un cirque de montagnes gazonnées qui se reflètent dans le miroir de ses eaux. Nous rejoignons enfin le Tokaïdo, dallé d'énormes pierres irrégulières et qui n'est accessible qu'aux piétons. Nous ne tardons pas d'ailleurs à le quitter pour aller visiter le grand temple de Hakoné. Nous longeons le lac dont les vagues viennent se briser contre le mur de soutènement du chemin et nous arrivons au temple par une belle avenue de pins que termine un escalier de quatre-vingt-dix marches, suivi d'un grand portique. Ce sanctuaire n'offre d'ailleurs rien d'intéressant ; tout y est plus ou moins délabré (sauf une façade récemment restaurée), solitaire et abandonné. Nous revenons sur nos pas : nous rejoignons la route bordée d'arbres séculaires et nous faisons enfin halte dans une des maisons de thé de la ville.

Malheureusement le froid augmente, et, lorsque la nuit venue, nous nous étendons sur les nattes pour nous livrer au sommeil, nous constatons en grelottant, que nous ne sommes pas parvenus, malgré deux braseros ardents, à élever la température de la pièce où nous sommes à plus de quatre degrés au-dessus de zéro. Rien d'inconfortable comme d'habiter une maison de papier en hiver. Nous essayons de nous réchauffer en constatant que nous nous trouvons à la latitude de Chypre et de Biskra (35° nord) ; mais cela ne suffit pas.

A partir de Hakoné, la route est encore

dallée de ces énormes blocs de pierre qui nous abîment les pieds et rendent la marche si difficile, que nous avons besoin de six coolies au lieu de quatre pour porter nos bagages ; aussi, est-ce avec une véritable satisfaction que nous arrivons dans la plaine à Mishima, ou, après avoir exhibé nos passeports au *moura-no-kotcho* (le maire ou le chef du village), nous prenons des djinrikshas pour continuer notre voyage. Nous avions parcouru à pied, dans la montagne, depuis l'avant-veille, environ dix ris ou quarante kilomètres.

Mishima a un temple orné de beaux portiques et de grands jardins où les bonzes élèvent des troupeaux sacrés de coqs qui, — grâce à l'absence de poules, — ne font pas trop mauvais ménage entre eux.

De Mishima à Noumadzou, le Tokaïdo est bordé, à droite et à gauche, de maisons basses aux toits de chaume qui se succèdent presque sans interruption pendant deux ris et dont l'aspect monotone ne tarde pas à nous lasser. Comme il fait encore grand jour lorsque nous arrivons à Noumadzou, où nous devons passer la nuit, nous allons nous promener sur la grève et nous traversons en rentrant au village les premières plantations de thé que j'aie vues.

Après le diner, l'autorité locale nous fait demander nos papiers ; puis vient un aveugle, sorte de fakir ou de derviche bouddhiste qui, tout en psalmodiant des chants plaintifs d'un ton nasillard, s'enfonce de longues aiguilles dans le corps. Nous nous efforçons vainement de le faire renoncer à cet exercice déplaisant.

Nous étions quelque peu écœurés de ce spectacle, lorsque notre hôte nous apporte une bouteille de vin oubliée, nous dit-il, par le dernier Européen qui avait passé dans sa tchaya. J'enlève la couche épaisse de poussière et de toiles d'araignées qui la recouvre et je lis, non sans surprise, sur l'étiquette vieillie, les mots à demi effacés : « *Yvorne 1868.* » Quand et comment cette bouteille d'Yvorne s'était-elle égarée à Noumadzou, dans le territoire fermé du Japon ? Je l'ignore, mais je sais qu'elle y a été la bienvenue lorsque nous l'y avons trouvée le 20 décembre, et que nous ne nous sommes pas fait prier, mes compagnons de voyage et moi, pour la vider jusqu'à la dernière goutte, en buvant à la santé de nos parents et amis absents, à la gloire et à la prospérité de nos trois patries, l'Allemagne, la Finlande et la Suisse.

Nous quittâmes Noumadzou le lendemain vers dix heures du matin, des fleurs de thé à la boutonnière. Quel succès n'auraient-elles pas, ces petites fleurettes blanches au feuillage vert foncé, si nous pouvions les produire dans quelque salon de la vieille Europe ? Mais nous sommes à quatre mille lieues de Marseille et nous devons nous contenter du plaisir plus modeste, mais plus réel, au moins pour moi, de faire une cueillette de fleurs de thé sur les arbustes où elles s'épanouissent.

Le Tokaïdo est de nouveau, comme entre Mishima et Noumadzou, bordé des deux côtés de maisons qui se suivent presque sans interruption avec une monotonie désespérante ; aussi le quittons-nous, dès que l'occasion se présente pour prendre un chemin le long de la mer, au milieu des bois de pins qui recouvrent les dunes, et c'est tout plaisir que de respirer la brise saline de l'océan et l'odeur résineuse des pins.

Aux dunes succède une vaste plaine d'alluvion, semée d'énormes pierres rondes. Nous mettons pied à terre, par commisération pour nos coolies qui n'en peuvent plus, et nous rejoignons le Tokaïdo après deux heures d'une marche assez pénible, interrompue par la traversée de deux bras de rivière en bateau avec les djinrikshas. Nous continuons à suivre la mer de près ; puis nous franchissons l'Okitsougava sur un pont de bois de plus de trois cents mètres de longueur et atteignons enfin Okitsou vers quatre heures.

La ville est fort animée et notre arrivée fait sensation. Jeunes et vieux, curieux de voir de près des « barbares de l'occident, » se massent autour de nos djinrikshas au point d'empêcher parfois les coolies d'avancer. La foule ne manifeste d'ailleurs à notre égard d'autre sentiment que celui d'une vive curiosité. Nos paysans n'en feraient-ils pas de même si des Japonais en costume national venaient tout à coup à passer au milieu d'un de nos villages ?

L'accueil que les indigènes font aux étrangers n'est pas un des moindres charmes d'un voyage dans l'intérieur du Japon. On sent qu'on est le bienvenu ; et, de fait, le premier mouvement de surprise, parfois d'effroi passé chez les habitants de la maison de thé où nous nous arrêtions, c'était à qui nous servirait de son mieux. Chacun s'efforçait de nous être agréable.

La glace est vite rompue avec les Japonais. Les jeunes mousmés (servantes) apportent le thé, qui, du matin au soir, est toujours prêt. On fait cercle autour de l'étranger ; on le regarde un peu comme un animal exotique, mais la curiosité dont on fait preuve à son égard n'a rien de malveillant. Demandez-vous encore du thé, un verre d'eau, du feu pour votre cigare, quoi que ce soit : *Tadaïma* (tout de suite) ! répond-on, et de toute part on se hâte de vous satisfaire, toujours en souriant.

Je me rappelle la peine que ces braves gens se sont donnée pour m'apprendre à manger du riz avec les petites baguettes quadrangulaires de bois ou d'os qui leur tiennent lieu de fourchettes et de cuillers, — et leur joie enfantine lorsque j'y suis enfin parvenu.

Plusieurs jonques de pêcheurs à un ou deux mâts, dont le gréement consiste en voiles carrées en nattes de bambou, se balancent dans les eaux du village. Le pays est fertile et bien cultivé ; quelques plantations de thé et de cannes à sucre alternent au milieu des rizières ; la route est partout bordée d'orangers et de mandariniers aux fruits mûrs.

Sur une éminence qui domine le village, se dresse un beau temple consacré au culte de Shinto, c'est-à-dire à l'antique religion nationale, antérieure à l'établissement du bouddhisme et dont le mikado est le chef en sa qualité de fils et de successeur des dieux. Le culte du pur Shinto est redevenu la religion officielle depuis la révolution de 1867, mais la grande majorité des Japonais est nominalement bouddhiste, encore le bouddhisme japonais est-il presque méconnaissable grâce aux superstitions et aux légendes populaires qui l'ont en quelque sorte étouffé. L'incrédulité est du reste générale au Japon. Il n'y a peut-être nulle part une absence aussi complète de sentiments religieux que dans ce pays.

D'Okitsou, nous suivons le Tokaïdo jusqu'à Egiri, où nous prenons un petit chemin sablonneux entouré de bambous, qui, après avoir traversé quelques hameaux, nous ramène sur les dunes boisées de pins qui bordent l'océan. La culture de la canne à sucre qui s'étend sur la plage jusqu'au bord même de la mer, se fait ici sur une assez grande échelle, et nous voyons à l'entrée de chaque village d'énormes tas de cannes broyées, dont on a extrait le sucre au moyen de meules en bois très primitives, que font manœuvrer les femmes. Les habitations sont en général construites en pisé et recouvertes d'un toit en treillis de bambou.

Nous faisons halte vers une heure dans un village dont je n'ai pas retenu le nom, au pied de la colline de Kimosan. Après le tiffin, nous nous mettons en devoir de visiter le temple situé sur la colline. On y parvient au moyen d'escaliers de pierre de quatre cent soixante-une marches, formant quinze lacets sur le flanc de la colline jusqu'au premier portique du temple. Les marches de ces escaliers étant fort larges et parfois très élevées, on a dû à maint endroit pratiquer des degrés intermédiaires. On compte encore cent trente-trois marches, du portique extérieur jusqu'au pied de l'escalier monumental de trente-quatre marches qui aboutit au grand portique, soit six cent vingt-huit marches jusqu'au portique principal. De là, trois escaliers d'une centaine de marches chacun, conduisent au temple lui-même.

La vue dont on jouit du haut de la dernière terrasse s'étend sur presque toute la baie d'Okitsou et vaut, mieux que le temple lui-même, la pénible ascension qu'il faut faire pour y parvenir. Le sanctuaire comprend plusieurs corps de bâtiments, avec les portiques traditionnels des édifices religieux de ce genre. Tout y est richement doré, mais, sauf quelques curieuses peintures murales dans une des cours, je n'y ai pas vu une seule œuvre d'art digne de ce nom.

La région que nous traversons ensuite est principalement cultivée en rizières, mais on y remarque aussi beaucoup de champs de thé et de cannes à sucre et même un peu de coton ; partout les plants de thé sont soigneusement recouverts de paille de riz pour les préserver de la gelée.

Nous rejoignons enfin le Tokaïdo à Shidzuoka, où nous passons la nuit, non sans avoir dû, auparavant, comme la veille à Okitsou, soumettre nos passeports au visa du chef du village.

Nous partons le lendemain pour Kanaya, et nous jouissons encore, en sortant de Shidzuoka, d'un beau coup d'œil sur la blanche pyramide du Fouzi-yama. Nous traversons l'Utsugava sur un pont de bois de trois mille six cents pieds de longueur (c'est le plus long pont de ce genre que j'aie jamais vu), sous lequel ne coulent en cette saison que quelques petits filets d'eau disparaissant sous les énormes pierres dont le vaste lit du fleuve est encombré.

Le Tokaïdo quitte alors enfin la côte pour s'engager de nouveau dans les montagnes. La route, qui est bonne et d'une largeur inusitée, est bordée des deux côtés de cèdres superbes. La pente est assez douce et atteint, après un double lacet, un tunnel de deux cent soixante-dix-huit pas de longueur, creusé dans le roc et revêtu de planches à l'intérieur ; la route redescend de l'autre côté du tunnel et, pendant quelques moments, on pourrait se croire sur une des routes de nos Alpes. A notre passage à Fuji-Yéda, l'autorité locale nous demande nos passeports ; même formalité à Shimada. Décidément, la police japonaise pourrait rendre des points aux polices les mieux organisées et les plus soupçonneuses des états européens ; mais j'oublie que nous nous trouvons sur un terrain défendu, dont l'accès est interdit aux « barbares », et j'aurais mauvaise grâce à me plaindre de formalités, même excessives, qui ont pour résultat de nous permettre de voyager en toute sécurité. Nous traversons ensuite sur de vieux ponts de bois qui oscillent sous le poids de nos djinrikshas, les deux bras du fleuve qui précède Kanaya et dont le lit presque à sec est obstrué de pierres énormes et de gros troncs d'arbres abandonnés par les eaux.

Pendant que les agents de l'autorité locale à Kanaya procèdent au visa de nos passeports, plus de deux cents indigènes, hommes, femmes, portant leurs enfants dans le dos, jeunes filles coquettement parées, enfants et vieillards, font cercle autour de nous et nous regardent avec un étonnement comique. Le rassemblement grossit à chaque instant ; on rit, on chuchote autour de nous ; les plus hardis se hasardent jusqu'à venir toucher les vêtements des « barbares ». Le succès que nous obtenons commence à devenir gênant. Le docteur Antell nous propose alors de répondre par un salut à la manifestation populaire dont nous sommes l'objet, et nous saluons, tous les trois simultanément la foule émerveillée.

L'effet de notre salut est vraiment magique. Après un instant d'hésitation, tous les habitants du village qui sont venus contempler les « barbares » se précipitent, le front dans la poussière, pour nous faire honneur. En nous rendant nos papiers, le chef du village et ses acolytes joignent au salut militaire européen, d'usage chez les fonctionnaires japonais, l'antique salut national en se prosternant jusqu'à terre, ce qui contraste étrangement avec l'uniforme dont ils sont revêtus.

Le Japon est d'ailleurs, depuis 1868, la terre classique des contrastes et des bizarreries de ce genre. J'ai rencontré un jour un indigène qui, portant une redingote noire pour tout vêtement, se promenait « avec un air de gloire », un chapeau de soie sur la tête, les jambes nues et les pieds chaussés de sandales de paille.

Nous partîmes de Kanaya le 23 décembre à neuf heures du matin. Nous fîmes tout d'abord un ri et demi à pied pour franchir le

Sayononayama et le Hyonaki, contre-forts de montagne qui ont l'air d'être les bosses d'un gigantesque chameau. Nous retrouvâmes vers onze heures, à Nisaka, nos coolies qui avaient pris les devants avec les djinrikshas. Rien à signaler dans cette journée, si ce n'est une excellente friture de petits poissons rouges dont nous nous sommes régalés au tiffin.

A Hammamatsou, une surprise d'un autre genre nous attendait. Nous apprenons, en effet, qu'une bande d'insurgés, renforcés d'une troupe de brigands, battent la campagne à vingt-cinq ris de distance. Le télégraphe ayant été coupé, l'on était sans renseignements précis sur leur compte, ce qui donnait beau jeu à l'imagination orientale des indigènes.

Tadjima était un homme prudent, « et du fils de son père il eut toujours grand soin ! » Aussi nous engagea-t-il à attendre à Hammamatsou la tournure que prendraient les événements. Nous tinmes conseil, MM. Gœtting, Antell et moi, et nous fûmes unanimes à décider que nous continuerions notre voyage, tant que les autorités locales ne s'y opposeraient pas.

Ce qui fut dit fut fait. Nous partîmes le lendemain matin pour Toyohashi par un temps superbe, mais froid (6°). Nous portions ostensiblement nos pistolets, ce qui ne rassurait qu'à moitié le brave Tadjima qui blâmait fort notre témérité. Nous lui faisions l'effet d'êtres absurdes et presque invraisemblables. Comment donc ? n'était-ce pas le comble de la folie que de s'aventurer dans un pays insurgé, lorsqu'on pouvait rester à Hammamatsou dont les maisons de thé offrent à tout venant

Bon souper, bon gîte, et le reste ?

Le reste, surtout ! Pourquoi n'y pas demeurer en attendant les nouvelles ? Et Tadjima de nous vanter de plus belle, en son mauvais anglais, le *saki* * de Hammamatsou et de nous faire le plus séduisant tableau des joueuses de guitare et des danseuses de la ville, *the nicest girls in all Japan*, disait-il. Il fallait être vraiment les « barbares » que nous sommes pour avoir pu quitter Hammamatsou dans ces conditions. Nous n'en atteignîmes pas moins Toyohashi sans encombre le soir du 24 décembre.

Le lendemain, le temps était radieux. Il n'y avait pas un nuage au ciel. La campagne, couverte de givre, étincelait au soleil. C'est

---

* Le *saki* est une eau-de-vie de riz dont les Japonais sont grands amateurs.

l'une des plus belles matinées de Noël dont j'aie gardé le souvenir.

Nous avions, ou plus exactement, nos coolies avaient une très forte journée en perspective pour atteindre Atsouta, notre étape projetée; aussi partîmes-nous avant huit heures du matin. La distance à parcourir était, en effet, de seize ris et demi, un peu plus de soixante-dix kilomètres. La vigueur et l'endurance des coolies japonais est incroyable.

J'ai fait une autre fois, aux environs de Yokohama, en une journée, en djinriksha, sans changer de coolies, une excursion aussi forte que le trajet de Toyohashi à Atsouta, et, en rentrant le soir à l'*International hôtel*, mes hommes brûlaient le pavé ou plutôt le macadam du quai comme au départ.

Soixante-dix kilomètres en djinriksha dans la journée, n'est-ce pas prodigieux ? Il est vrai qu'après cette course, les hommes se sont livrés deux jours de suite, à un repos absolu, et il en aura sans doute été de même des coolies que nous avons laissés à Atsouta. Ce métier de bêtes de somme est, d'ailleurs, assez bien payé. Ces braves gens gagnent en général vingt-cinq *sen* * par ri. Comme on

* Un *sen* vaut cinq centimes ou à peu près. Cent *sen* font un *yen* ou dollar japonais.

fait en moyenne huit à dix ris par jour, avec une djinriksha attelée de deux coolies, chaque homme peut gagner jusqu'à douze francs cinquante dans sa journée, ce qui est beaucoup pour des gens de cette condition.

Il faisait nuit noire lorsque nous arrivâmes à Atsouta, petite ville située au fond du golfe d'Ovari, et qui sert de port à Nagoya, le chef-lieu de la province. Nos coolies avaient allumé des lanternes japonaises, — j'allais dire vénitiennes, — en papier de couleur à raison de deux par véhicule, et cette arrivée nocturne en djinrikshas illuminées avait je ne sais quoi d'étrange et de fantastique dont je garde très nettement le souvenir.

A Atsouta nous recueillîmes les bruits les plus contradictoires sur l'insurrection dont j'ai parlé; aussi de crainte de voir la police s'opposer à la continuation de notre voyage, renonçâmes-nous à visiter Nagoya, dont nous n'étions qu'à quelques kilomètres. Bien nous en prit, car la préfecture ne nous eût certainement pas laissé poursuivre.

Nous nous embarquons donc le 26 décembre à dix heures du matin, à bord d'une jonque pour traverser le golfe d'Ovari. Le vent souffle assez faiblement du nord-ouest et les mariniers japonais le serrent tant bien que mal avec leur grande voile en natte de bambou pour courir au sud-ouest. La *Chiozaburo*, c'est le nom de la jonque, a quatre hommes d'équipage qui, la brise tombée, se mettent aux avirons. Nous débarquons enfin après dix heures et demie de navigation à Yokaïtchi où règne une animation extraordinaire.

Deux vapeurs japonais sont mouillés dans la rade. Le village est occupé militairement. Un nombre considérable de maisons ont été brûlées ; des débris fument encore çà et là. Partout, sur le Tokaïdo, les poteaux du télégraphe sont coupés au ras du sol. Les rebelles, au nombre de deux mille, s'étaient emparés de la ville, un engagement avait eu lieu entre leurs bandes et les troupes venues de Tokio par mer, auxquelles la victoire était naturellement restée. Un bâtiment de guerre que nous voyons disparaître à l'horizon, emmenait de nombreux prisonniers dont le gouvernement fit prompte et sévère justice.

La troupe était logée en grande partie chez l'habitant ; aussi ne fut-ce pas sans peine que Tadjima finit par nous procurer un gîte pour la nuit. Encore n'y parvint-il qu'en exhibant nos passeports au commandant du corps d'occupation qui poussa la courtoisie envers les « barbares » jusqu'à faire bivouaquer dans la rue quatre soldats dont, — je l'avoue à notre confusion, — nous prîmes sans vergogne la place chez un bourgeois quelconque.

Cette échauffourée, facilement réprimée, avait-elle quelque rapport avec la levée de boucliers des partisans de l'ancien régime qui aboutit à une sanglante collision au mois de janvier suivant ? Je n'ai jamais pu éclaicir ce point. Ce qui est sûr, c'est que la plupart des insurgés étaient des paysans qui, ruinés par un impôt foncier écrasant, s'étaient décidés à recourir aux armes, vu l'impossibilité où ils se trouvaient d'acquitter les taxes qui leur étaient réclamées.

Pluie et neige le lendemain, et c'est grand dommage, car nous quittons définitivement la côte du Pacifique pour nous diriger à l'ouest et pénétrer dans la montagne. Nous avons à franchir la chaîne du Koga-yama qui nous sépare seule du bassin du lac de Biva. Nous passons la nuit à Tsuchijama ; le lendemain, il gèle et il neige encore. Nous avons hâte d'arriver à Kioto ; le voyage en djinrikshа commence à manquer de charmes.

Les rivières succèdent aux villages et les villages aux rivières. Voici Minakoutchi, puis Ishibè, où se réunissent les deux grandes routes impériales qui vont de Tokio à Kioto, le Nakasendo et le Tokaïdo ; Kousatsou (K'sats') où s'organisaient jadis les pompeux cortèges des daïmios allant à la cour de Kioto ; Ishiyama, au pied d'une colline sur laquelle nous montons et où nous avons subitement la vue du grand lac de Biva. Au sommet de la colline s'élève un temple, lieu de pélerinage célèbre dans le pays. Les pélerins ont l'habitude d'apposer aux nombreuses colonnes du temple des bandes de papier portant un nom. Comme les Japonais, de même que les Chinois, poussent ce qu'on a spirituellement appelé le culte de la lettre, au point de ne jamais détruire, à moins d'y être forcés, la moindre ligne d'écriture, c'est par milliers qu'on pourrait compter les bandelettes ornant chaque colonne. Nous y joignons nos cartes de visite avec la date de notre passage. Elles y sont sans doute encore.

Dans l'enceinte même du temple se trouve une petite pagode, une des plus vieilles du Japon ; elle remonte au onzième siècle, ce qui est respectable pour une tour construite en bois.

Nous traversons ensuite Zézé et nous ne tardons pas à atteindre les bords du lac de Biva que nous longeons un certain temps avant d'arriver à Otsou, notre dernière étape avant Kioto.

Otsou était, nous l'avons vu, la résidence des mikados au deuxième siècle de notre ère. L'étendue de la ville est considérable ; les rues sont larges et dallées de grands blocs de pierre. Du reste, rien, absolument rien de remarquable; les villes, grandes et petites, les bourgs et les villages du Japon se ressemblent tous et ne diffèrent, je crois, que par le nombre des rues et des maisons.

Le 29 décembre au matin, nous allons au temple de Miidera, sur une colline d'où l'on jouit d'un vaste panorama de la ville d'Otsou et du lac de Biva qui est entouré de montagnes de tous côtés et rappelle par endroits certaines parties du lac de Genève et du lac des Quatre-Cantons. Il a été maintes fois chanté par les poètes japonais et mérite l'enthousiasme de ses admirateurs. Ses rives, entièrement boisées au sud et à l'est, sont d'un aspect tout à fait ravissant. Quelques jonques sillonnent çà et là cette immense nappe d'eau, qui ne mesure pas moins de vingt-cinq lieues de longueur sur dix de largeur. D'après une tradition populaire, ce lac se serait formé en une nuit pendant un tremblement de terre vers l'an 200 de notre ère; mais ce récit n'a rien d'authentique. Le nom de Biva signifie *guitare à quatre cordes*, le lac ayant à peu près la forme rectangulaire qu'affecte cet instrument de musique japonais, dont le manche est représenté par l'Ujigava, rivière qui sort du lac près d'Ishiyama pour se jeter dans l'Yodogava au-dessous d'Osaka.

Le temple de Miidera se compose, comme tous les temples japonais, d'un grand nombre de sanctuaires disséminés sur un vaste espace de terrain et comme perdus au milieu de la verdure. On y remarque dans un petit bâtiment spécial une vieille cloche en bronze de cinq pieds et demi de hauteur, provenant de quelque pagode hindoue. On la fait remonter au septième siècle de notre ère et il s'y rattache une légende bizarre. « Le célèbre Bunkei, sorte d'Hercule, personnage *sui generis* de la légende japonaise, la prit un jour sous son bras et alla cacher son larcin sur la montagne d'Heizan à trois lieues de là, puis, fou de joie, il se mit à frapper dessus pendant un jour et une nuit, si bien que pas un habitant ne put dormir. Les prêtres, mis sur la piste par le son, allèrent le supplier de leur rendre leur cloche ; il y consentit à la condition de recevoir la ration de soupe qu'il voudrait. Il rapporta donc ce léger bibelot, et reçut, en revanche, une marmite de soupe que les bonzes nous montrèrent. C'est un chaudron de fer d'un mètre cinquante de diamètre et d'un mètre de profondeur *. »

Nous parcourons encore un beau bois de thuyas et arrivons, en suivant un sentier au

---

* G. Bousquet, *Le Japon de nos jours.*

milieu des rizières, au village de Hirasaki, au bord du lac. On y voit un pin de dimensions colossales, dont le tronc, trois fois séculaire, donne naissance, à quelques pieds du sol, à des branches tortues qui, soutenues par des pieux, s'allongent horizontalement de manière à former un dais dont l'ombre s'étend sur un espace de deux cent vingt-cinq pas de circonférence.

Le Tokaïdo, qu'on venait d'empierrer, n'étant guère praticable aux djinrikshas, nous partîmes à pied dans l'après-midi pour Kioto, à trois ris (douze kilomètres) de distance d'Otsou. Tout le long de la route on voyait des ouvriers occupés aux travaux de terrassement du chemin de fer qui relie maintenant les deux villes.

La nuit était venue lorsque nous arrivâmes enfin à Kioto, chacun de nous portant une lanterne de papier de couleur pour éclairer la marche. Nous manquâmes ainsi le coup-d'œil que l'on a sur la ville avant d'y arriver. Nous allâmes droit au Maruyama, colline sur le versant de laquelle est située l'auberge où nous devions nous arrêter. C'était une de ces maisons que les Japonais appellent européennes, parcequ'on y trouve des lits, quelques sièges branlants, une ou deux tables boiteuses, qu'on y mange, si l'on veut, autre chose que du riz et du poisson et qu'on y sert au voyageur altéré un liquide coloré en rouge et assez fortement alcoolisé qui peut, avec quelque complaisance, passer pour du vin.

Et, ce ne fut pas sans un véritable sentiment de bien-être que nous nous assîmes sur des chaises pour souper et que nous nous couchâmes dans des lits, après en avoir été privés durant quinze jours. Mais qu'importaient la fatigue et les désagréments de la route ? Nous avions atteint notre but. N'étions-nous pas arrivés à Kioto, la ville sainte du Japon, après avoir fait cinq cents kilomètres dans le territoire fermé de l'île de Nippon ?

CHAPITRE V

DE KIOTO A NAGASAKI. — LA MER INTÉRIEURE

Séjour à Kioto. — Les temples. — Le Nouvel-an. — Les cerfs-volants. — Osaka. — Hiogo-Kobé. — A bord du *Nagoya-Maru*. — La Mer intérieure. — Phosphorescence merveilleuse. — Nagasaki. — Départ pour la Chine.

Kioto ou Kiyoto, l'ancienne Myako, l'une des trois cités impériales (*fou*) du Japon — les deux autres sont Tokio et Osaka — est une ville d'environ deux cent mille âmes. L'accès en est encore aujourd'hui interdit — sauf permission spéciale — aux étrangers. Les mikados y ont résidé pendant plus de dix siècles (de l'an 794 jusqu'en 1868). Avant le transfert de la cour à Tokio, la population de Kioto s'élevait, dit-on, à quatre cent mille habitants. La ville est située au milieu d'un cirque complet de collines boisées, entr'ouvertes au nord et au midi, pour laisser passer un gros ruisseau connu sous le nom de Kamogava. Les maisons n'ont généralement qu'un rez-de-chaussée et ne diffèrent en rien de celles des autres villes du pays. Les rues, régulièrement alignées, se croisent toujours à angle droit. Elles sont fort peu animées et frappent par leur aspect triste et morne. Il semble que la vie et le mouvement aient abandonné Kioto en même temps que le mikado quittait cette ville pour Yédo. On songe à Versailles avant et depuis l'Assemblée nationale. C'est un grand corps sans âme.

Si Kioto n'est plus aujourd'hui qu'une cité déchue, ses habitants ont conservé une réputation de politesse et d'élégance qui paraît méritée; ses artisans sont des maîtres dans les industries artistiques du bronze, de la porcelaine, des soieries, etc.

Les merveilles de Kioto sont dans ses temples innombrables qui offrent un haut intérêt. Yasaka a une belle pagode à cinq étages. Kionizou en a une autre à trois étages. A peu de distance se trouve une tête colossale — d'ailleurs affreuse — de Bouddha en bois doré, non loin de laquelle se dresse sur un piédestal une énorme cloche de bronze de quatorze pieds de hauteur, fondue depuis près de deux cents ans.

Le Sanjisuangendo ne renferme pas moins de mille statues de Bouddha en bois doré. Le dieu est représenté debout avec trente-six bras et autant de mains. Le Kin-kakou-ji, érigé au commencement du quinzième siècle est situé dans un beau parc orné d'un lac. à plus d'un ri du pont Sanjio, d'où l'on compte les distances à partir de Kioto; ses bosquets sont justement célèbres. L'art du jardinage japonais y atteint son apogée. On y remarque entre autres un pin taillé en forme de jonque; le tronc forme le mât et les branches inférieures la coque du bateau; c'est certainement le nec plus ultra en ce genre. Niji-hongashi est le plus grand temple que j'aie vu au Japon; deux vastes salles ont des plafonds ornés de caissons sculptés en bois de cèdre d'une rare beauté; douze colonnes du même bois soutiennent ces plafonds remarquables. Une foule assez nombreuse se pressait dans le temple lorsque nous l'avons visité; dans un petit bâtiment voisin est une bibliothèque renfermant plus de sept mille ouvrages répartis en trois cent soixante cases.

Je n'en finirais pas si je voulais énumérer tous les temples de Kioto. Nulle ville au monde ne renferme peut-être autant d'édifices religieux. A Rome il y a, si je ne me trompe, trois cent vingt-huit églises ou chapelles. C'est par milliers qu'on peut compter, à Kioto, les sanctuaires consacrés au culte de Bouddha, du Shinto et des nombreuses divinités subalternes des différentes sectes qui pullulent au Japon. C'est à Kioto que je terminai l'année avec mes compagnons de route. Nous vidâmes une bouteille de champagne à cette occasion et en l'honneur de l'année qui commençait.

Le matin du 1er janvier, toutes les maisons de la ville sont pavoisées aux couleurs japonaises (un soleil rouge sur fond blanc) ; quelques-unes ont des tentures ornées des armes impériales (un chrysanthème héraldique violet). Les magasins sont fermés et les rues désertes, tout le monde ayant plus ou moins veillé pendant une bonne partie de la nuit. Vers midi, la physionomie de la ville change. Toute la population est alors sur pied, revêtue de ses habits de fête, les femmes et les enfants jouant à la balle ou au volant, les hommes au cerf-volant, et ce sont des éclats de rire, des trépignements, des battements de mains à se demander si l'on n'est pas dans une immense cité de grands enfants. Le cerf-volant est un jeu national au Japon, et les hommes les plus graves ne dédaignent pas de s'y livrer. Ce n'en est pas moins un curieux coup d'œil pour l'étranger qui assiste inopinément à ce genre de récréation. Après tout, si le cerf-volant ne vaut pas les échecs, il n'est peut-être pas inférieur à tel ou tel passe-temps en usage dans les pays dits civilisés.

Une ligne de chemin de fer de soixante-seize

kilomètres de longueur permet de se rendre en moins de trois heures à Hiogo, l'un des cinq ports ouverts aux étrangers.

A mi-route se trouve la ville d'Osaka qui occupe une superficie immense. Osaka est, après Tokio, la plus grande cité de l'empire. Sa position n'est pas sans analogie avec celle de la capitale. De nombreux canaux la font communiquer avec la mer, mais le manque de fond empêche les gros navires de mouiller dans ses eaux. Hiogo-Kobé, à l'entrée du golfe, est le vrai port d'Osaka, comme Yokohama est le port de Tokio.

Osaka vaut la peine d'être visité en détail. C'est une place de commerce animée, bien que les étrangers y soient peu nombreux. Ils résident de préférence à Hiogo-Kobé où touchent les gros paquebots. Le point culminant de la ville est occupé par un château-fort construit au seizième siècle. Stotsbashi, le dernier shogun, y a fait mettre le feu, en 1868, lorsqu'il a dû l'évacuer. La double enceinte de murs et de fossés subsiste toujours et ces fortifications en blocs cyclopéens commandent l'admiration.

Du haut de l'une des tours de l'enceinte intérieure, on jouit d'un beau panorama sur la ville, la plaine avoisinante et la mer qui scintille à l'horizon à quelque dix kilomètres de distance environ. Entre la première enceinte et la seconde se trouvent de vastes casernes et un hôpital militaire. La place d'Osaka commandée par un général de brigade avait une garnison de 6,400 hommes.

C'est à Osaka qu'a été établi l'Hôtel des monnaies où l'on frappe les belles pièces d'or, d'argent et de bronze qui font l'admiration non seulement des touristes qui n'y entendent rien, mais des numismates de profession.

D'Osaka à Kobé, il n'y a qu'une heure et quart de chemin de fer. A Kobé, l'on retrouve la civilisation occidentale à tous les points de vue. Elle se montre d'abord sous forme d'un cuirassé français et d'une chaloupe canonnière anglaise dont les cheminées fument en rade. Il y a un excellent hôtel, l'hôtel d'Hiogo sur le quai. Le quartier des concessions étrangères borde la mer.

Hiogo et Kobé — les deux villes n'en forment plus qu'une — n'offrent qu'un intérêt secondaire, mais à quelque distance se trouve une très jolie gorge de montagne où bondissent les cascades de Nonnobikinotaki. Les maisons de thé abondent aux environs. De la chute supérieure, on a un beau point de vue sur le golfe entier jusqu'à Osaka dans le lointain.

De Kobé, je retournai un jour à Kioto, et comme cette dernière ville est dans le territoire fermé je dus exhiber mon passeport japonais à la gare pour pouvoir obtenir un billet de chemin de fer. Ce fut la cinquante-deuxième et dernière fois que j'eus à produire ce document.

Je m'embarquai enfin, le 6 janvier au soir, avec MM. Antell et Gœtting, à bord du *Nagoya-Maru*, vapeur japonais de la *Mitsou-Bishi-Mail-Steam-Ship C°* venant de Yokohama, qui leva l'ancre le 7 janvier à quatre heures du matin à destination de Shanghaï (Chine), avec escales à Shimonoseki et à Nagasaki.

Nous avions parcouru, de Yokohama à Hiogo par le Tokaïdo et Kioto, près de cent cinquante-un ris, soit plus de six cents kilomètres, dont environ cinq cent vingt en djinriksha ou à pied dans le territoire japonais interdit aux étrangers, sans parler d'une demi-journée de navigation en jonque sur le golfe d'Ovari.

L'équipage du *Nagoya-Maru* est chinois, mais le capitaine et les officiers sont anglais ou américains. Quelques passagers japonais à bord.

Le 7 janvier au matin, lorsque je me levai, le *Nagoya-Maru* filait, à bonne vitesse, sur une mer semée d'îles et d'îlots, de rochers coniques et pyramidaux. Nous longeons, de près, la côte sinueuse de Nippon qui change d'aspect à chaque tour de roue. Tantôt ce sont des montagnes boisées jusqu'à leur pied et dont la crête est couronnée de pins qui se détachent sur le ciel clair du matin ; tantôt des falaises à pic, nues et arides. On pouvait par moment se croire sur un bras du lac de Lugano et, peu après, il me semblait naviguer dans l'Archipel en vue de Mitylène ou de Patmos. Et cela dura toute la journée. Le soir au coucher du soleil les innombrables îles et îlots prirent une coloration rose, passant bientôt au lilas puis au doré.

Le 8 janvier, à sept heures un quart, nous jetâmes l'ancre en rade de Shimonoseki, grand village à maisons de pisé, blanchies à la chaux pour la plupart, et ayant de ce chef une certaine ressemblance avec les constructions européennes.

Une douzaine de Coréens montent à bord à Shimonoseki. Ce sont des naufragés dont la jonque a sombré et qui profitent de notre steamer pour regagner le continent. Ils portent le costume chinois tout blanc et ont l'air de vrais sauvages. Quelques-uns d'entre eux ont une expression presque féroce. Ils paraissent tous stupéfaits — cela se comprend — de ce qu'ils voient à bord. La machine, en particulier, les ahurit complètement.

A huit heures et quart, le *Nagoya-Maru* reprend sa course. La passe de Shimonoseki, qui sépare l'île de Nippon de la pointe septentrionale de Kiousiou n'a pas un kilomètre de largeur et ne mesure que dix mètres d'eau au seuil le plus élevé. Pendant un trajet de deux kilomètres environ, il faut gouverner avec la plus grande prudence. C'est un passage dangereux, obstrué par un grand nombre d'îlots.

Durant tout le jour nous ne perdons pas de vue la côte de Kiousiou et, vers neuf heures et demie nous jetons l'ancre en rade de Nagasaki, où je fus témoin d'un des plus beaux spectacles de la nature que j'aie jamais contemplés.

Au moment où le *Nagoya-Maru* s'engagea dans le fiord sinueux qui sert d'avant-port à Nagasaki, la mer parut s'embraser par un de ces phénomènes de phosphorescence, très fréquents du reste, mais qui ne sont pas moins remarquables lorsqu'ils atteignent un certain degré d'intensité. Or, je n'en ai jamais vu d'aussi frappants. Les millions de sardines qui peuplaient le golfe semblaient autant d'étoiles scintillant dans l'obscurité. La proue du steamer fendait l'eau noire qui, sous l'étrave, paraissait de l'argent en fusion faisant au loin à tribord et à babord deux vagues lumineuses.

Le flot couronné de feux verts ou blancs répandait parfois un tel éclat qu'on pouvait lire à la lueur de la phosphorescence. Les roues semblaient se mouvoir dans un tourbillon de flammes verdâtres. Au-dessus de notre tête, le ciel noir semé d'étoiles, à nos pieds la mer étincelante, dans le sein de laquelle les bancs de poissons semblaient de formidables et incompréhensibles voies lactées. Le spectacle auquel j'assistai cette nuit là valait mieux que les plus belles illuminations des *Mille et une nuits ;* et si je n'avais sous les yeux, en écrivant, les notes prises dans mon journal de voyage le soir même de mon arrivée à Nagasaki, je m'accuserais aujourd'hui d'exagération flagrante.

Nous fîmes une escale de plus de vingt-six heures à Nagasaki. J'en profitai pour parcourir la ville et faire une promenade aux environs. Des collines boisées, hautes de trois cents mètres dominent la ville et le golfe où il y a un assez grand mouvement maritime, surtout d'embarcations indigènes. Plusieurs îles s'élèvent à l'entrée de la rade, notamment le Pappenberg, ou mont des prêtres, pyramide régulière, couverte d'arbres, ainsi nommée par les Hollandais en souvenir des missionnaires catholiques qui, s'étant réfugiés sur cet îlot avec quelques centaines de chrétiens indigènes, furent précipités dans la mer où ils se noyèrent tous. Cela se passait en 1622.

On y fait aujourd'hui des pique-niques.

Après Tokio, après Kioto et Osaka, Nagasaki ne dit pas grand'chose au touriste qui ne fait que passer. Il ne reste rien des anciens établissements hollandais de Décima. Un incendie les a dévorés il y a une trentaine d'années. Cet îlot que plusieurs ponts relient maintenant à la terre ferme a servi — nous l'avons vu plus haut — pendant plus de deux siècles de trait d'union entre le Japon et les Pays-Bas. On éprouve une étrange impression en évoquant ces vieux souvenirs. On est partagé entre l'admiration pour la ténacité et le courage des anciens commerçants d'Amsterdam et la répulsion qu'inspire leur soif insatiable du lucre. La vie des Hollandais, prisonniers à Décima, n'était qu'un long martyre, mais un martyre intéressé. Il en est beaucoup moins intéressant.

Le *Nagoya-Maru* appareilla le 9 janvier vers minuit moins un quart. La phosphorescence était aussi belle, plus belle encore, si c'est possible, que la veille. C'est sur cette éblouissante vision que j'ai quitté le Japon, car le lendemain matin, l'île de Kiousiou avait disparu à l'horizon. Nous étions en pleine mer, filant dix nœuds et demi, dans la direction de Shanghaï en Chine.

Il nous reste encore, maintenant que nous avons parcouru le pays, à voir les Japonais de plus près, à étudier leurs mœurs, leur langue, leur religion, leurs arts, leurs industries, etc., à entrer si nous le pouvons dans leur intérieur et dans leurs idées, en un mot, à pénétrer dans ce que j'appellerai leur vie interne.

CHAPITRE VI

LA FAMILLE, LES MŒURS ET LA RELIGION

Le foyer domestique. — La femme. — Les enfants. — Le mariage. — Le costume. — Les mœurs. — Shintoïsme et bouddhisme. — L'irréligion.

Sur quelles bases la famille, cet élément constitutif de toute société humaine, repose-t-elle au Japon ? Les Japonais connaissent-ils ce que nous appelons le foyer domestique ou, en d'autres termes (car cela revient au même), quelle est la position de la femme au Japon ?

La question est délicate.

Pour la bien résoudre il faut répudier toutes nos idées européennes, toutes les notions auxquelles nous sommes habitués, et nous placer exclusivement au point de vue qui a cours dans le Daï-Nippon. Au pays des chrysanthèmes, l'homme n'est pas seulement le chef de la famille comme le prescrivent également la nature, les lois de l'Occident et la religion des chrétiens : il en est le centre ; disons mieux, il en est l'incarnation.

La jeune fille n'est que la servante de son père : la femme sera la domestique de son époux. Même mère, elle n'est à peu près rien dans le ménage. Le mari ou le père existent en quelque sorte seuls. Et, cependant, de toutes les sociétés orientales, la famille japonaise est encore celle où la position de la femme est préférable.

Les Japonais sont — en principe — monogames, et leurs femmes ne connaissent pas la honteuse promiscuité des harems de l'Orient musulman ; mais le diable n'y perd rien, car les mœurs admettent un tempérament à la rigidité du principe. Lorsque la femme n'est plus jeune, c'est elle-même qui choisit et présente à son mari une *mékaké* ou seconde épouse, et, s'il le faut, une troisième et d'autres encore. Comme c'est elle qui fait ce choix, sa dignité de femme n'en souffre, paraît-il, aucunement.

A dire vrai, elle ne trouve un peu de dignité qu'en sa qualité de mère, et tant que ses enfants sont en bas âge ; peut-être est-ce là une des raisons qui font prolonger la période infantile ? Le sevrage des bébés est chose inconnue au Japon, où l'on voit des gamins, parlant et courant déjà, interrompre leurs jeux pour prendre le sein de leur mère.

Les petits Japonais, comme tous les enfants, sont charmants — s'ils ne sont pas insupportables. Ils ne sont jamais mis au maillot, et leurs premiers vêtements sont semblables à ceux qu'ils porteront toute leur vie. Jusqu'à sept ans, on les laisse jouer du matin au soir; les rues en sont pleines; on en voit partout, jusque sous les pieds des chevaux (d'ailleurs fort rares, nous l'avons vu), et entre les roues des djinrikshas.

Plus tard, ils vont à l'école où ils apprennent, avant tout, les préceptes de la civilité puérile et honnête japonaise, les règles de la politesse consacrée, enfin le catéchisme des formes, auxquelles on attache une si grande importance au Japon.

Dès qu'un enfant sait marcher, sa mère lui apprend à porter son petit frère ou sa petite sœur ou son petit cousin. Elle ouvre le *kimono* de l'enfant par derrière, y glisse le bébé, serre bien la ceinture, et, « va-t'-en jouer dans la rue, mais si tu tombes, tombe sur le nez ou sur les mains, jamais sur le dos, pour ne pas tuer le petit frère ! »

Nous avons parlé de la position secondaire de la femme dans la famille japonaise. Ajoutons quelques mots sur le droit et les usages matrimoniaux que des lois récentes viennent d'ailleurs de modifier. Le mariage est un contrat purement civil; la religion n'y intervient pas. Les époux sont fiancés dès l'enfance par leurs parents. La cérémonie nuptiale, toujours fort simple, se borne, chez les gens de condition inférieure, à un repas pris en famille, après lequel les époux vivent en mari et femme. Il est très curieux de voir que chez un peuple formaliste à l'extrême, l'acte le plus important de la vie s'accomplit à peu près sans aucune formalité.

Le mari dispose de tout ce que lui apporte sa femme; en cas de besoin urgent, il peut la vendre elle-même. Les cas de répudiation de la part du mari sont nombreux: outre la plupart des cas de divorce admis par les législations des pays de l'Occident, il faut noter le droit du mari de répudier sa femme, lorsqu'elle trouble l'harmonie de la maison en parlant comme un perroquet, lorsqu'elle se montre trop jalouse, et lorsqu'elle est irrévérencieuse envers les parents de son mari.

La puissance paternelle est sans limites. Le fils aîné, à défaut du père, a tout pouvoir sur les autres membres de la famille. La famille japonaise est ainsi, comme autrefois la famille romaine, un petit Etat dans l'Etat.

L'adoption du costume européen, qui est de rigueur chez les fonctionnaires du gouvernement, tend à se généraliser à Tokio et dans les ports des traités; mais il en est tout autrement à quelques journées de la capitale. La population de l'intérieur du pays a gardé l'ancien costume national. Les hommes portent le pantalon en forme de jupe, la tunique *(kimono)* aux manches flottantes et les hautes sandales de bois dont nous avons déjà parlé; ils ont toujours le crâne rasé, et les cheveux de derrière forment une petite queue verticale, ramenée sur le devant de la tête. Les femmes ont partout conservé leur élégant costume, cette ample robe de chambre de soie serrée à la taille par une ceinture de dimensions phénoménales, et leur coiffure compliquée, vrai chef-d'œuvre d'architecture capillaire, et elles sont telles qu'on les voit fidèlement représentées sur les écrans et les paravents japonais.

A Yokohama et jusqu'à une certaine distance dans l'intérieur du pays, les coolies portent en général un caleçon et une veste de cotonnade bleue ainsi qu'un mouchoir bleu autour de la tête. Plus loin, ils sont entièrement nus, sauf le pagne *(fundoshi)*; partout, ils sont chaussés de sandales de paille qui s'usent promptement et demandent à être souvent renouvelées. Quelques-uns sont tatoués des pieds à la tête et leur dos offre parfois un tableau de genre complet.

L'introduction du costume européen au Japon est un signe des temps nouveaux, et indique toute une révolution dans les mœurs ; avec le pantalon et la redingote, il n'est en effet plus guère possible de porter deux sabres dans sa ceinture, comme le faisaient autrefois les trop fameux *samuraïs.* Cet antique usage a pris fin et est aujourd'hui interdit. Le *harikiri*, ce duel japonais dans lequel l'offensé s'ouvrait le ventre pour obliger son adversaire à agir de même, est devenu en même temps infiniment plus rare. Ne regrettons donc pas ce changement de costume, quoique le Japon ait par là perdu plus d'un coup d'œil pittoresque qu'offrait l'ancien régime.

J'ai déjà décrit le type ordinaire des habitations japonaises, constructions toutes semblables, formées de quelques poteaux pour soutenir le toit et d'un jeu de châssis de papier tendu qui glissent dans les rainures. Je n'y reviendrai donc pas, si ce n'est pour remarquer que ces demeures sont celles de tous, aussi bien du mikado que du dernier des coolies.

Si l'on voulait caractériser d'un seul mot la vie du Japonais, il faudrait dire : monotonie. Tout y est réglé comme papier à musique. Levé et la toilette faite, le Japonais mange du riz, boit du thé, et s'en va à ses affaires dont il s'occupe tout en fumant sa petite pipe ; à midi, nouvelle collation de riz, avec quelques légumes et du poisson, le tout arrosé de thé et de saki. Le soir, vers sept heures, encore du riz avec quelques tasses de thé.

La table de famille est inconnue, chacun mange de son côté, assis sur les nattes devant un petit cabaret d'un demi pied de haut.

Le soir, vers neuf heures, bain général dans une cuve pleine d'eau à quarante degrés, située derrière la maison chez les riches ; dans les classes pauvres, le bain se prend à l'établissement public. Chacun s'y ébouillante de son mieux et l'on va se coucher, c'est-à-dire que l'on s'étend sur une couverture, les femmes appuyant la tête ou plutôt le cou sur le *makura*, sorte de billot destiné à préserver la coiffure de toute atteinte. Une veilleuse est placée à côté de chaque dormeur.

S'il y a peu de vie de famille au Japon, il y a peut-être moins encore de vie de société. Polis et courtois jusqu'au raffinement, les Japonais n'ont guère entre eux que des relations d'affaires. Les hommes se voient parce qu'ils y ont intérêt ; mais, sauf bien entendu les visites d'étiquette, les visites de cérémonie à telle ou telle occasion, dans telle ou telle circonstance de la vie, on ne se voit pas pour le plaisir de se voir. La situation faite aux femmes empêche les relations de société proprement dites en ôtant à la conversation l'un de ses principaux éléments.

Il en est au Japon, sur ce point, comme en Turquie et dans les pays musulmans, où l'existence du harem rend impossible le salon. Les seules réunions connues des Japonais sont celles des maisons de thé, — que nous appellerions cafés, — et qui trop souvent ne sont que de mauvais lieux; cependant on a tort de généraliser, et nombre de ces maisons de thé tant décriées ne valent ni plus ni moins que nos cabarets et nos estaminets.

Les mœurs des Japonais diffèrent essentiellement des nôtres, mais, là, comme ailleurs, il ne faut pas juger les gens sur l'apparence. A voir les bains publics, où les deux sexes sont confondus, à voir les jeunes filles y aller seules, on serait tenté de s'écrier: « Quels gens dévergondés! quelles mœurs dissolues! » C'est une erreur: cette promiscuité des bains qui nous révolte, la Japonaise n'y songe même pas, et sa pudeur n'en souffre point. Après cela, je ne prétends pas faire des Japonais un peuple de saints et de saintes, je veux seulement indiquer le point de vue auquel il faut se placer pour les bien apprécier.

Quelle est l'influence de la religion du pays sur les mœurs de ses habitants et quelle est cette religion ? Il y en a deux, le Shinto et le bouddhisme, et une troisième, l'irréligion qui est assez générale.

A ne regarder que le grand nombre des sanctuaires qui s'élèvent de toutes parts dans le Japon, on pourrait être tenté d'y trouver la preuve d'une ferveur religieuse accentuée ; mais, à voir l'abandon dans lequel ils sont laissés pour la plupart, l'absence presque complète de fidèles, sauf bien entendu dans les grands jours, on est forcé de reconnaître qu'il n'en est rien. Qu'on examine les choses de plus près, et l'on sera surpris, au contraire, du peu d'importance qu'a le sentiment religieux dans la vie des Japonais.

Le bouddhisme, en passant de la Chine au Japon s'est si bien amalgamé avec l'ancien culte qu'il est extrêmement difficile de faire le partage entre ce qui appartient à l'un et ce qui appartient à l'autre. Depuis la révolution japonaise, soit depuis une vingtaine d'années, le Shinto, — c'est-à-dire la « voie des dieux », — dont le mikado est le chef, a été partout remis en honneur et nombre de temples devenus bouddhistes ont été rendus à l'ancienne religion nationale; mais si l'on a pu lui restituer ses sanctuaires, on n'a pas pu rendre à ses fidèles leur ancienne ferveur.

S'il faut en croire la théogonie shintoïste, les dieux invisibles existaient avant même la naissance des choses; le ciel se forma un jour dans l'espace, puis la lune. Les derniers dieux immatériels, Izanagi et Izanami eurent un fils si mal venu que ses divins parents l'abandonnèrent, puis huit autres enfants qui furent les huit grandes îles du Japon, et enfin toute une postérité de *kamis*, déités subalternes qui peuplent l'Olympe du Shinto. Les deux derniers enfants d'Izanami furent Amatéras, née de son œil gauche, dont Izanagi fit la déesse du ciel et Suzan, qui, né de l'œil droit d'Izanami fut le dieu des mers.

C'est à Amatéras, dont la naissance eût fait le bonheur d'Arnolphe de l'*Ecole des Femmes* que commence la période des dieux actuels qui ont régi le monde durant deux millions et demi d'années et ont eu pour successeur terrestre Jim-mu Tenno, qui fut le premier mikado du Japon, en l'an 660 avant notre ère.

Si le mikado a les dieux pour ancêtres, les nobles japonais prétendent remonter jusqu'aux kamis et, de la sorte, le peuple entier se croit issu des divinités qui ont créé le pays.

Le premier temple fut la demeure du mikado, et, longtemps, il n'en exista pas d'autres. Dans les classes populaires, le Shinto n'est, en somme, que la religion des ancêtres, à laquelle s'ajoute le culte des kamis ou génies, et des forces de la nature, dont ils ne sont d'ailleurs souvent qu'un symbole.

Le culte du Shinto est réduit à la forme la plus simple; c'est plutôt une contemplation qu'une adoration. A l'origine, il n'y avait d'autres prêtres que les pères de famille, puis une caste sacerdotale se forma pour l'accomplissement des rites religieux.

Les temples shintoïstes sont toujours d'une grande simplicité. Ils n'ont point de statues; le péristyle est en général précédé d'un portique en pierre ou en bois appelé tori : deux montants soutenant une traverse horizontale dont les extrémités se relèvent légèrement; parfois la traverse est double. A l'entrée est un gong sur lequel on frappe pour attirer l'attention de la divinité; au fond, un miroir circulaire, le miroir de la vérité.

Tels sont les temples du Shinto, aujourd'hui abandonnés pour la plupart. C'est une religion qui manque trop de ce qui fait l'essence des religions pour avoir des sectateurs zélés. A part le culte des ancêtres, le Shinto n'enseigne rien ; il se tait sur la question des peines et des récompenses, sur l'immortalité de l'âme, sur la nature divine, etc. Le Shinto n'a pas de préceptes de conduite. Le mikado étant le représentant des dieux sur la terre, toute la doctrine de la « voie des dieux » aboutit à ceci : « Fais la volonté du mikado, et tu es sûr de bien faire. »

On comprend le soin que dut mettre le gouvernement impérial à restaurer partout où cela lui a paru possible ce Shinto, qui érige en dogme le principe de l'obéissance passive du peuple au souverain. La grande majorité des Japonais n'en professe pas moins le bouddhisme qui pénétra de la Chine au Japon au sixième siècle de notre ère. La supériorité relative de sa métaphysique et de sa morale devait lui permettre de faire de rapides conquêtes.

Je ne puis faire ici un exposé du bouddhisme, qui est du reste assez connu ; mais il faut remarquer que les deux religions ne s'excluent point. Elles se sont, au contraire, pénétrées l'une l'autre aussi intimement que possible. Les couvents bouddhistes, tant de femmes que d'hommes, sont extrêmement nombreux. Mais le bouddhisme, si florissant en apparence, a singulièrement dégénéré depuis ses origines. La doctrine de l'anéantissement a eu pour conséquence un véritable abaissement intellectuel ; les préceptes de morale ont fait place aux pratiques et ce qui n'était d'abord que d'excellentes règles d'hygiène a fini par devenir article de foi. L'abondance et la pompe des cérémonies ont peu à peu étouffé la pensée religieuse.

Nous disions tout à l'heure qu'il y a deux religions au Japon, le shintoïsme et le bouddhisme et une troisième, celle des gens qui n'en ont point. Les hautes classes professent simplement le confucianisme des lettrés chinois et le bas peuple, pris en masse, n'a guère de vénération que pour les kamis et une foule de superstitions grossières, la superstition se développant toujours d'autant plus que la foi religieuse est plus faible.

A dire vrai, il n'y a peut-être pas de pays où l'irréligion soit plus générale qu'au Japon. Le sentiment religieux y est à peu près nul. Le Japonais est essentiellement rationaliste, et, depuis vingt ans, les ouvrages des philosophes de l'Occident, traduits en japonais, trouvent de nombreux lecteurs dans l'empire du Soleil Levant.

On rencontre aujourd'hui des Japonais discutant les problèmes soulevés par Herbert Spencer, Auguste Comte ou Schopenhauer. Le terrain est admirablement préparé pour toutes les doctrines philosophiques négatives de la foi chrétienne. Les missions catholiques ou protestantes n'ont obtenu jusqu'à présent que des résultats peu considérables. L'aversion instinctive des Japonais pour le christianisme, aversion qui date du dix-septième siècle, nous l'avons vu, n'a pas diminué. Tout au contraire. L'ouverture forcée de quelques ports aux étrangers rend la nation d'autant plus défiante à l'égard des chrétiens. Aussi, aujourd'hui encore, le nombre des indigènes convertis est-il fort restreint.

CHAPITRE VII

LES LETTRES, LES ARTS ET L'INDUSTRIE

La langue et la littérature. — La poésie. — Le roman. — Le théâtre. — L'architecture civile et religieuse. — La sculpture. — La peinture. — Les arts industriels : bronzes, porcelaines, laques, etc. — L'agriculture.

On ne connaît pas un peuple tant qu'on n'a pas étudié sa langue et sa littérature. A quelle famille linguistique le japonais appartient-il ? Il se rattache aux langues dites agglutinatives ou agglutinantes, dans lesquelles, à un radical demeurant invariable, on ajoute, selon les besoins, des particules, préfixes ou affixes pour indiquer les cas, les modes et les temps. Ce groupe comprend les langues touraniennes et mongoles. Le japonais diffère donc essentiellement des langues monosyllabiques comme le chinois, et des langues à flexion, comme le sont nos idiômes indo-européens.

Cependant, quoique très-différent, le chinois n'en a pas moins eu une influence considérable sur le japonais, sinon sur la grammaire et sur la syntaxe, du moins sur le vocabulaire de la langue aussi bien, comme nous le verrons tout à l'heure, que sur l'écriture. Les deux langues se sont pénétrées de la plus étrange façon et il en est résulté un phénomène unique au point de vue de la transcription des mots. L'abondance des termes chinois a fait que les Japonais ont emprunté à leurs voisins du continent leur système idéographique d'écriture, ce qui a un avantage, c'est que les Japonais savent tous lire le chinois, mais ce qui a aussi un inconvénient résultant de la difficulté inhérente à l'idéographie. On enseigne dans les écoles trois mille caractères chinois aux enfants, mais ce n'est pas suffisant, car, à moins d'en connaître une dizaine de mille, on ne saurait prétendre être un homme cultivé ; aussi les Japonais se sont-ils ingéniés à trouver un système d'écriture plus pratique. Ils ne sont pas allés cependant jusqu'à l'alphabet, mais ils ont adopté des syllabaires dont l'emploi est une grande simplification.

Les deux plus usités sont le *kata-kana* (écriture de fragments) qui se compose d'idéogrammes chinois réduits à une forme rudimentaire ayant comme valeur phonétique le son même que leur donne la prononciation chinoise, et le *hira-kana* pour l'écriture cursive. C'est le kata-kana adapté à l'écriture courante et dans lequel les caractères se lient les uns aux autres comme ceux de notre écriture dite anglaise.

On donne à ces syllabaires le nom d'*i-ro-ha*, d'après les trois premiers signes, absolument comme nous appelons alphabet l'ensemble de nos caractères d'écriture, du nom des deux premières lettres grecques α β.

Les Japonais, comme les Chinois, écrivent de haut en bas. Leurs lignes forment ainsi des colonnes verticales qui se suivent, non point de gauche à droite, comme nous le ferions, mais de droite à gauche. Il en résulte que si l'on veut faire relier à l'européenne un ouvrage japonais, il faut le faire relier à l'envers et que pour le lire, il faut le commencer, — à notre point de vue, — par la fin.

Une singularité de la langue japonaise est l'absence des genres ; on y supplée par l'adjonction, — s'il s'agit d'êtres vivants, — des préfixes *o* et *mi*, qui signifient, l'un : mâle, et l'autre : femelle.

Il n'y a pas d'articles en japonais, et les nombres ne sont pas indiqués. Si l'intelligence de la phrase le demande absolument, on ajoute une particule exprimant l'unité, ou, au contraire, on répète le mot pour indiquer la pluralité.

Il n'y a pas de déclinaisons proprement dites; mais l'adjonction de suffixes invariables aboutit, selon les cas, au même résultat.

Comme dans toutes les langues agglutinantes, les mots s'allongent en quelque sorte indéfiniment, surtout les verbes qui, actifs, passifs ou neutres, se conjuguent selon huit modes, sans parler de la forme négative, dont ils sont tous susceptibles. C'est ainsi que l'on dira en deux mots, le pronom et le verbe : « Quoique nous ne devions pas être vus », *Watakousi-domo-wa miraré-masyo-to-iyé-domo.*

Nous ne saurions entrer ici dans les détails du mécanisme de la langue et nous renvoyons le lecteur aux remarquables ouvrages de M. Léon de Rosny sur la grammaire japonaise. Ils y trouveront les renseignements les plus exacts, donnés, de la façon la plus claire, par l'homme le plus compétent.

La littérature japonaise est d'une grande pauvreté littéraire.

Le plus ancien document historique est le « Kodjiki », compilation faite au septième siècle, par ordre de l'empereur Temmu, sortes d'annales dans lesquelles on inséra toutes les histoires, toutes les traditions conservées dans les familles depuis les temps les plus reculés. C'est par ce travail que nous sont parvenus les renseignements relatifs aux premiers temps historiques du Japon. La valeur littéraire du recueil est nulle ; il est rédigé avec la sécheresse qui caractérise les écrivains chinois. La poésie elle-même, qui, au Japon comme ailleurs, a précédé la prose, manque la plupart du temps d'ampleur et de sentiment. Ce sont presque toujours de petites pièces qui, sous une forme sentencieuse, énoncent une vérité morale.

Les Japonais font remonter les origines de leur poésie aux premiers temps de leurs annales. C'est à Izanagi lui-même, le dernier des dieux célestes, et à Izanami, son épouse, qu'ils attribuent la composition des vers les plus anciens. Ce n'est là que de la mythologie ; par contre, l'on croit pouvoir attribuer à Sosano Ono-Mikoto, qui aurait vécu au septième siècle avant notre ère, les premières poésies japonaises dont on ait gardé le souvenir. Ce serait lui qui aurait fixé la forme des distiques japonais, règle à laquelle les versificateurs modernes se conforment toujours scrupuleusement.

Ce fut après l'expédition de Corée qu'O-nine introduisit au Japon le système idéographique de l'écriture chinoise et fit connaître les *Dissertations philosophiques* de Confucius et le *Livre des mille mots ;* aussi les Japonais considèrent-ils Onine comme le père de leur littérature. Le fait est que, dès lors, l'art de faire les vers fut extrêmement cultivé au Japon, notamment par les femmes. Les plus remarquables parmi les anciennes poésies ont été réunies en un recueil intitulé *Man-yo-siou*, c'est-à-dire la collection des « dix mille feuilles ». A côté de cette poésie littéraire, toute de convention, et aussi d'imitation, poésie chinoise en japonais, se développa bientôt une poésie populaire, simple, souvent vulgaire et triviale, ne s'élevant guère au-dessus de la chanson, mais véritablement nationale et répandue aujourd'hui de l'une des extrémités de l'empire à l'autre, dans toutes les classes de la population. On appelle ces poésies *uta*, c'est-à-dire chant. Le type en est le distique de trente-et-une syllabes en deux vers, le premier de dix-sept, avec deux césures après le cinquième et le douzième pied, le second vers de quatorze syllabes, avec une césure après le septième pied.

Voici un vieil uta japonais que M. de Rosny rapproche avec raison d'un célèbre quatrain de Victor Hugo :

Que la tempête emporte les feuilles de mes écrits, et que les hommes considèrent qu'elles viennent d'une plante sans racine !

Ne croit-on pas lire l'épigraphe datée de l'exil, de la première série de la *Légende des Siècles ?*

Livre, qu'un vent t'emporte
En France, où je suis né !
L'arbre déraciné
Donne sa feuille morte.

C'est la même pensée, exprimée presque de la même manière.

Voici un autre uta qui donne une juste idée de l'extrême concision de ces poésies :

Qu'il est doux de s'éteindre et de mourir ensemble, en ce monde où d'ordinaire l'horloge qui marque l'heure suprême retarde pour l'un tandis que pour l'autre elle avance !

Si la poésie est pauvre, le roman l'est encore davantage, je ne parle pas de la quantité, — il s'en publie au contraire un nombre extrêmement considérable, — mais du fond, qui est nul. On croirait tous ces romans d'un seul et même auteur, qui n'aurait eu qu'une seule idée. Quatre personnages s'y retrouvent toujours : le père, le fils, la jeune fille et la courtisane. Ces compositions, dont la grossièreté égale souvent la banalité, ont énormément de lecteurs et plus encore de lectrices. On imprime toujours les romans en caractères hira-kana et comme en général on n'enseigne pas d'autre écriture aux femmes, il en résulte qu'elles ne lisent guère que des romans. Au Japon, plus encore qu'en Europe, les femmes se farcissent ainsi la tête d'inutilités que les cabinets de lecture, — ce fléau de notre époque, — fournissent libéralement à leurs abonnées à raison de dix *sen*, soit cinquante centimes par mois.

Le théâtre est fort goûté au Japon. En général, chaque roman fournit une pièce de théâtre et chaque pièce de théâtre un roman. Ces adaptations sont continuelles.

Nombreux sont les théâtres de Tokio. Les *shibai-ya*, les plus élégantes, c'est-à-dire celles que fréquente le beau monde, sont situées dans le quartier d'Asaksa, lieu consacré à la fois à la dévotion et au plaisir. Extérieurement, on les distingue des autres constructions en ce que ces bâtiments sont plus hauts, et munis d'une sorte de logette où se tient le guetteur chargé de donner l'alarme en cas d'incendie. La salle est généralement carrée ou au moins quadrangulaire, avec places de parterre et un étage de loges de pourtour. L'orchestre, qui joue presque constamment durant la représentation et pendant les entr'actes, est placé de côté et se compose surtout des célèbres guitares japonaises à quatre cordes et de flûtes à huit trous. Les spectacles commencent en général à six heures, — non point du soir, mais du matin, — et se prolongent jusque vers neuf heures du soir, sans autres interruptions que de petits entr'actes. La durée normale d'une représentation est de quatorze ou quinze heures. Nombre de pièces demandent deux journées pour être jouées en entier; pour d'autres, il faut trois jours. Il y a enfin tel drame, dont la représentation prend quatre journées consécutives.

Que peuvent être de pareilles pièces? On le comprend, ce sont des romans, historiques ou non, qui se déroulent en entier sur la scène. Il n'y a, cela va sans dire, aucune unité, ni de temps, ni de lieu, ni même ou plutôt ni surtout d'action. Les héros y sont pris dès l'enfance et suivis jusqu'à leur mort. C'est bien là que non point souvent, mais toujours,

> le héros d'un spectacle grossier,
> Enfant au premier acte est barbon au dernier.

De même que sur le théâtre antique, les femmes ne paraissent pas sur la scène au Japon. Tous les rôles féminins sont tenus par des hommes. On opère les changements à vue de la manière la plus ingénieuse. La scène repose sur une plaque tournante analogue à celle des gares de chemins de fer : au moment voulu, la plaque tourne lentement, emportant les acteurs en scène et présente bientôt, aux yeux des spectateurs, un autre tableau avec d'autres acteurs. On n'applaudit pas au Japon, mais on acclame avec de grands cris les acteurs en renom.

A l'origine, le drame japonais avait un caractère exclusivement religieux. Les premières représentations furent des actes de culte absolument comme dans l'ancienne Grèce, et les premiers acteurs du Nippon furent des prêtres ; on peut aussi rapprocher les drames primitifs des mystères qu'on jouait au moyen-âge en Europe. Ce fut sous l'influence chinoise que le drame japonais se laïcisa et de religieux devint historique. La plus ancienne shibai-ya de Tokio date du commencement du dix-septième siècle.

Tout le mérite du théâtre japonais est dans la vérité des sentiments et dans la sincérité des détails et des mœurs. Pour l'étranger qui assiste à l'une de ces représentations l'intérêt dramatique est nul, la salle lui en offre un plus grand que la scène. En revanche, l'intérêt historique est immense pour celui qui connaît quelque peu le passé du Japon ou désire s'initier à son histoire.

Au point de vue de la composition, la comédie est en général supérieure au drame. Ici, il y a une remarque importante à faire.

Le drame, qui a toujours une fidélité historique remarquable, met souvent des femmes en scène (les rôles étant, nous l'avons dit, tenus par des hommes), et il n'y a rien là que de naturel aux yeux du Japonais. Il en est tout autrement dans la comédie. Le public se révolterait à l'idée de voir représenter sur la scène les sentiments qui animent les femmes ou les jeunes filles d'aujourd'hui. Le voile qui couvre la vie privée ne doit pas être soulevé. Il en résulte que les seules femmes que la comédie japonaise mette en scène sont des femmes perdues, en général des courtisanes de Yoshivara, parce que ce sont les seules dont on puisse, — au point de vue japonais, — exposer les sentiments en public sans commettre une profanation. On conçoit le caractère spécial que revêt toujours la comédie japonaise.

Qu'il s'agisse de drame ou de comédie, le goût du théâtre est fort répandu au Japon, dans toutes les classes de la société. Il y a des scènes populaires, il y en a d'aristocratiques. Les Japonais vont toujours au théâtre en famille, avec femme et enfants ; chacun revêt ses plus beaux habits pour s'y rendre, et, nulle part, peut-être, on ne voit d'aussi belles exhibitions de costumes que dans les salles des shibai-yas de Tokio.

Nous avons vu que la littérature n'a, en somme, aucun monument qui se signale de loin à l'attention. Qu'en est-il des autres branches des beaux-arts ?

L'architecture n'est pas pour nous arrêter longtemps. S'il est vrai que l'architecture d'un pays suffit à elle seule et même mieux que toute autre chose à faire comprendre le génie d'une nation, il paraît évident que le Japonais manque tout à fait de cette envergure à laquelle on doit les Pyramides, le Parthénon, le Colysée, Notre-Dame de Paris, ou la cathédrale de Strasbourg. Les Japonais d'ailleurs, n'emploient guère que le bois comme matériaux de construction. La durée des bâtiments en bois est relativement courte. Ce fait seul indique déjà qu'ils ne construisent point en vue de l'éternité. Toutes les maisons se ressemblent, depuis les palais impériaux jusqu'aux plus humbles habitations ; ce sont les mêmes poutres d'angle, les mêmes chassis de bois ou de papier, et, à l'intérieur, les mêmes nattes, — plus ou moins fines, — la même absence de meubles.

L'architecture religieuse est-elle plus originale ? Les temples, surtout les temples shintoïstes sont d'une simplicité toute calviniste. Les sanctuaires de Bouddha sont plus ornés ; les murailles en sont polychrômes, et les toits recouverts de tuiles de couleur artistement imbriquées.

Nous avons déjà parlé des toris, portiques qui précèdent les temples du Shinto. Il faut, au point de vue de l'architecture mentionner aussi le *toro*, ce lampadaire composé d'un fût de colonne surmonté d'une lanterne de pierre ou de bronze, recouverte d'une sorte de toiture aux angles élégamment relevés. Réunis en grand nombre, les toros sont d'un bel effet. La fameuse avenue de cent vingt lanternes de pierre, qui conduit au temple d'Uyeno, ne laisse pas que de faire une profonde impression sur l'esprit : mais est-ce là de l'architecture ?

Seuls, les puissants remparts des Siros, de Tokio et d'Osaka donnent l'impression de grandeur inséparable de tout véritable monument architectural. Là, tout est grand, et les blocs employés à la construction de ces fortifications font penser aux murs cyclopéens, reste des temps pélasgiques dont la vieille Europe nous offre quelques spécimens.

La grande sculpture, celle qui représente l'homme, — et, par ce mot, j'entends aussi la femme, — avec la profondeur de ses pensées, le charme de son esprit, la puissance de son cœur, cet art, auquel nous devons les œuvres immortelles de la statuaire grecque, est absolument inconnu au Japon. Le sculpteur n'y représente que la divinité, mais au lieu de la tailler à son image, comme le statuaire antique, il se borne à reproduire un type hiératique aussi conventionnel qu'immuable. Encore faut-il remarquer que ce Bouddha est d'importation étrangère ; c'est à l'Inde, plutôt qu'au Japon qu'il faut faire honneur des quelques chefs-d'œuvre de ce genre qui existent dans l'empire du Soleil Levant.

Ne sachant s'élever jusqu'au grand, l'artiste japonais a voulu faire colossal : de là, ces Daï-Boutsous, littéralement « grands Bouddhas », qui confondent l'imagination.

Sans atteindre les soixante et dix coudées (environ 32 métres) que l'antiquité attribuait au colosse de Rhodes et que l'art et l'industrie modernes ont encore dépassées dans la statue-phare de la Liberté (46 mètres) à New-York, sans égaler même en hauteur le saint Charles Borromée d'Arona (21 mètres), les Daï-Boutsous comptent à bon droit au nombre des colosses de la statuaire. Les deux plus grands se trouvent à Kioto et à Nara, mais le plus célèbre et le plus beau est certainement le Daï-Boutsou de Kamakoura.

La gigantesque statue de bronze, — elle a plus de treize mètres de hauteur, — se dresse sur un piédestal de granit, au milieu d'un vallon solitaire, à un kilomètre et demi environ de Kamakoura. On y arrive par une longue avenue d'arbres au feuillage toujours vert, azalées colossales, camélias gros comme des charmilles. L'effet est saisissant.

Le dieu est assis, les jambes croisées dans la pose classique des Orientaux. Il a les mains jointes, ou plutôt réunies, les doigts repliés. Les grains de sa coiffure représentent les escargots, qui, d'après la légende, montèrent un jour sur le crâne de Bouddha pour le garantir des ardeurs du soleil. Il semble méditer. Sa physionomie, où l'on reconnaît d'emblée le type hindou, respire à la fois la douceur la plus sereine et la quiétude la plus parfaite.

L'harmonie des lignes est si complète, les proportions sont si justes, que, le premier moment de surprise passé, l'on oublie les dimensions extraordinaires du Daï-Boutsou, pour admirer sans réserve la beauté artistique de cette statue.

Et, cependant, je n'en suis pas moins convaincu que, réduit aux dimensions de la stature humaine, le Daï-Boutsou perdrait tout son caractère. Ce sont ses dimensions colossales qui seules en font toute la grandeur. Bien différentes en ceci de la sculpture grecque, les reproductions en petit du Daï-Boutsou ne sont que des statuettes insignifiantes. Pourquoi? Parce qu'ici, le sculpteur, de même que l'architecte japonais, a manqué de cet idéal qui seul permet à l'artiste de créer une véritable œuvre d'art. Il n'a fait que reproduire, à la perfection, — il est vrai, — le type du Bouddha. Ce n'est qu'une grandiose imitation : ce n'est pas une création. Les autres types de la statuaire japonaise ne sont guère que des caricatures grossières, curieuses pour la plupart, mais sans rien d'artistique.

Et la peinture?

Ici il faut distinguer. La composition est en général nulle ou enfantine. Le *faire* est admirable. Il n'y a pas d'écoles diverses comme chez nous. Les Japonais peignent tous de la même façon. Leurs hommes, leurs animaux, leurs arbres péchent toujours par une ignorance patente qui n'est souvent d'ailleurs qu'un dédain de l'anatomie et du dessin. Leurs paysages manquent de perspective, et, lorsque le peintre s'essaye à une composition un peu étendue, il n'aboutit, la plupart du temps, qu'à placer des arbres sur les maisons et des montagnes sur les arbres.

Avec cela, coloristes de premier ordre, les Japonais peignent à teintes plates, sans seulement se douter du clair-obscur ou des demi-teintes. C'est que pour eux, la préoccupation artistique n'existe absolument pas. Le peintre ne voit dans son art qu'un procédé décoratif. Les Japonais peignent une aquarelle comme on peint une assiette. A ce point de vue spécial de la décoration, ils sont passés maîtres dans le fini de l'exécution. On ne les admirera jamais trop sous ce rapport, et leurs *kakémonos*, sur soie ou sur papier, sont souvent de vrais chefs-d'œuvre.

Artistes impuissants, ne sachant guère qu'imiter, les Japonais sont des artisans hors pairs. Là où il ne s'agit plus de créer, mais simplement de reproduire aussi fidèlement que possible ce qu'ont fait les anciens, là où, pour atteindre la perfection, il ne faut pas avoir en soi cet idéal sans lequel il ne saurait y avoir de véritable artiste, là où la notion du beau, cette « splendeur du vrai », est remplacée par l'imitation des Chinois et où, par conséquent, plus on est chinois et plus on est proche de la perfection, le Japonais obtient des résultats remarquables.

Un auteur anglais dit quelque part que « la perfection dans les arts décoratifs n'a rien d'incompatible avec le cannibalisme et la polyandrie. » M. Bousquet, qui le cite, ajoute que « la grâce dans les petites choses peut se rencontrer à côté de l'insuffisance dans les grandes et que, sans être barbare, un peuple peut être à la fois privé du sentiment intuitif du beau et doué cependant du goût le plus pur en matière d'ornement, de même qu'un homme dépourvu de génie peut avoir beaucoup de bon sens. » C'est bien le cas des Japonais. Ne leur demandons pas ce qu'ils sont impuissants à nous donner ; regardons plutôt leurs bronzes, leurs porcelaines, leurs laques, et, dans ce domaine inférieur, reconnaissons toute leur supériorité.

Au Japon, il n'y a guère de grands ateliers, du moins il n'y en avait guère il y a quelques années ; mais, depuis que la mode s'est portée sur les japoneries, on commence à faire plus ou moins le bibelot en fabrique, à l'usage de l'Européen. Cependant, en général, et partout dans l'intérieur du pays, l'artisan travaille encore chez lui ; il est — par exemple le bronzier — à la fois sculpteur, ciseleur et fondeur. C'est chez lui, dans sa cuisine, que se trouve le petit fourneau sur lequel il compose lui-même son alliage, ajoutant un peu de cuivre, un peu de plomb ou un peu d'étain. Il fait son modèle à cire perdue, et, quand il en est satisfait, il l'enduit de glaise. Le moment venu, on penche sur un brasier le bloc de glaise ; la cire, qui se fond, s'écoule goutte à goutte par l'orifice. On introduit le métal en fusion dans le moule qu'on recouvre de terre, tant pour hâter que pour régler le refroidissement. On le brise bientôt, et le bronze, d'abord informe et noir, poli, gratté, retouché, sera bientôt en son genre un petit chef-d'œuvre d'une valeur inappréciable, car la maquette en est perdue.

L'industrie du bronze n'est, pour les Japonais, qu'une industrie de luxe. La porcelaine, au contraire, est de première nécessité. Le potier, comme le bronzier, travaille isolément.

Sans égaler peut-être la transparence et l'homogénéité de pâte des porcelaines chinoises, celles qui se font au Japon leur sont très supérieures par la décoration. Sur ce point, les disciples ont dépassé leurs maîtres. Les porcelaines les plus fines se faisaient autrefois exclusivement dans la province de Satzuma. Aujourd'hui, le vieux satzuma est hors de prix, et, du reste, à peu près introuvable; quant aux satzumas modernes, fabriqués surtout en vue des Européens, c'est à Tokio qu'on les fait presque tous, et ils sont bien loin d'égaler les anciens. Si la mode, qui corrompt tout, — même et surtout le goût, — si la mode ne s'en mêlait pas, je pose en fait qu'on ne regarderait pas seulement la plupart des porcelaines du Japon, devant lesquelles, — sous peine de passer pour un homme sans éducation, — il est de bon ton de s'extasier aujourd'hui.

Les Japonais sont inimitables dans leurs laques. Les plus répandus sinon les plus beaux ont un fond noir, sur lequel la fantaisie de l'ouvrier se donne libre carrière pour représenter en laque d'or, parfois assez épais pour avoir une valeur intrinsèque, des bambous, des feuillages divers, des oiseaux, des armoiries, etc. Les laques à fond rouge sont imités des Chinois et reproduisent en général des dessins chinois. Quant aux laques à fond d'or, ils sont beaucoup plus rares, et la moindre petite boîte de cette sorte coûte un millier de francs.

Rien n'égale l'éclat de ces vernis — dont la base est une gomme extraite du *Rhus vernificera*, — si ce n'est leur solidité et leur inaltérabilité. En 1874, le vapeur le *Nil*, qui rapportait à Yokohama les produits envoyés du Japon à l'exposition universelle de Vienne, sombra près de la côte de Nippon. La cargaison resta plus d'une année sous l'eau, et, tandis que tout était plus ou moins détérioré par l'eau de mer, les vieux laques n'avaient aucunement souffert.

Citons encore le papier gaufré, le papier de

tenture ou de paravent, l'ivoirerie, les soieries brodées à la main, et l'on aura les principales industries artistiques du pays, dans lesquelles les Japonais, lorsqu'ils y mettent le temps, — ce qui était toujours le cas autrefois, — et qu'ils ne travaillent pas pour l'étranger, atteignent à un degré de perfection qu'on ne saurait trop admirer.

Cependant, si les industries artistiques sont florissantes au Japon, il ne faut pas oublier que le Daï-Nippon est, avant tout, un pays de production agricole. Le thé et le riz, qui sont les deux cultures les plus importantes sont aussi au nombre des principales richesses du pays. Il faut y ajouter le tabac, la canne à sucre dans le midi, le coton, le mûrier pour les vers à soie, l'indigotier, etc.

Sur une exportation de trente à quarante millions de dollars par année, la soie brute représente dix-sept ou dix-huit millions et le thé sept ou huit. Le riz se consomme dans le pays. Presque tout le thé qu'exporte le Japon va en Amérique, où il est très estimé. En Europe, au contraire, on donne toujours la préférence aux thés chinois provenant de Shanghaï et de Hankéou.

La production agricole est menacée par une grave question agraire. Autrefois, le mikado était le seul propriétaire du sol de l'empire. Aujourd'hui les paysans sont, de fait, propriétaires des terres qu'ils cultivent moyennant une redevance analogue à nos taxes foncières, mais le taux en est beaucoup trop élevé : il atteint jusqu'à trente pour cent du revenu de la terre, l'impôt foncier fournissant à lui seul la presque totalité (quatre-vingt-dix-sept pour cent) du rendement des autres impôts directs. Si le gouvernement ne remédie pas à cet état de choses défectueux et ne modifie pas promptement l'assiette de l'impôt, la ruine s'en suivra, car l'agriculture ne peut pas prospérer dans les conditions qui lui sont faites.

CONCLUSION

L'histoire juridique du Japon donnerait lieu à une intéressante étude, car, dans le Daï-Nippon, la notion même du droit diffère essentiellement de toutes nos idées à cet égard. Le Japonais ne conçoit pas le droit en dehors de l'autorité, et cet idéal de justice absolue que nous avons tous plus ou moins en nous-mêmes lui est parfaitement étranger. L'idée, élémentaire à nos yeux, qu'on puisse se placer pour raisonner au-dessus des faits et des lois écrites, ne vient pas à l'esprit du Japonais, qui accepte les lois et les traditions de ses aïeux comme des faits inéluctables. Sous l'ancien régime, tout reposait sur le principe d'autorité. Le mikado avait un pouvoir absolu, au moins en théorie. L'homme du peuple n'avait aucun droit. La liberté dont il jouissait n'était à ses propres yeux qu'une tolérance. Il la tenait du mikado, et le mikado pouvait la lui ôter sans qu'il y trouvât à redire.

On comprend la force qu'un gouvernement absolu peut tirer de semblables principes;

mais il y a aussi là une grande cause de faiblesse. Que le pouvoir vienne à être renversé ou simplement modifié, que les éléments constitutifs de l'organisation de l'empire viennent à changer, comme ce fut le cas en 1867-68, et ce n'est pas seulement une révolution politique que subira le pays, mais un véritable bouleversement social. On l'a bien vu dans les années qui ont suivi la révolution. La secousse morale a été effrayante et l'on n'exagère pas en disant que rien alors ne reposait plus sur rien.

Le gouvernement profita de cette situation spéciale pour accomplir réforme après réforme. Certes, on ne saurait trop admirer les progrès effectués au Japon depuis vingt ans. Le chemin parcouru dans ce court espace de temps est tout simplement prodigieux. Routes, canaux, voies ferrées, télégraphes, bateaux à vapeur, tout a été établi à la fois, et tout cela ne fonctionne pas trop mal. Il y a à Tokio une université qui compte des professeurs de grand mérite, une haute école technique, un observatoire météorologique et sismologique, une société de géographie dont les publications mériteraient d'être plus connues, etc. Nagasaki et Nagoya ont leurs écoles de médecine. L'instruction populaire a fait des progrès dignes d'éloges. Le nombre des écoles primaires est maintenant de plus de vingt-cinq mille, celui des écoles secondaires d'environ quatre cents. L'administration des départements est calquée sur celle de la France.

Il y a aussi, malheureusement, imitation de l'Europe à d'autres points de vue. Les budgets se soldent en déficit ; on voit plus de papier-monnaie que d'écus sonnants, la dette publique s'élève au chiffre énorme d'un milliard et demi de francs, dont il faut payer les intérêts. Les impôts sont extrêmement lourds. L'impôt foncier surtout, nous l'avons vu, est une cause de ruine pour le paysan, qu'il écrase.

Aujourd'hui, le Japon est recouvert de toutes parts d'un vernis de civilisation européenne. Ce vernis s'étend sur tout, mais, au fond, qu'y a-t-il de changé ? Les Japonais sont des imitateurs étonnants des choses européennes. Jusqu'à quel point s'en sont-ils véritablement inspirés ?

Un détail caractéristique entre beaucoup d'autres. Après la révolution, le culte du Shinto fut solennellement rétabli. Cependant, la restauration shintoïste n'ayant amené aucun réveil religieux dans le pays, les hommes au pouvoir eurent l'idée originale d'envoyer en Europe une commission chargée d'étudier les diverses confessions afin d'établir une religion nouvelle formée de ce qu'on trouvait de meilleur dans les cultes existants. Inutile d'ajouter que le projet n'aboutit pas, mais rien ne donne mieux l'idée du désarroi qui régnait dans les cerveaux qu'une semblable proposition.

Maintenant, le gouvernement a changé d'avis. Aucun culte n'est plus subventionné. Le Japon a mis en pratique la séparation de l'Eglise et de l'Etat, et il ne l'a fait ni par respect pour la liberté religieuse, ni par haine contre la religion. C'est simplement par indifférence que le gouvernement a procédé à une mesure d'une si grande importance.

Et les missions, demandera-t-on, n'exercent-elles donc aucune influence ? Elles n'en ont malheureusement que bien peu. Les efforts persévérants des missionnaires se heurtent la plupart du temps contre l'indifférence, contre l'absence de sentiment religieux, contre le rationalisme invétéré des Japonais. En outre, il ne faut pas l'oublier, la presque totalité du territoire de l'empire est demeurée jusqu'ici fermée aux étrangers, mais il en sera autrement à l'avenir.

Depuis longtemps, les puissances européennes demandaient l'ouverture de tout le pays. Le gouvernement japonais, sans s'y opposer en principe, y mettait une condition, — fort naturelle d'ailleurs de sa part, — c'est que les étrangers fussent soumis à la juridiction japonaise au lieu de ne relever, comme c'est le cas actuellement, que de la juridiction des consuls de leur pays. C'était là la pierre d'achoppement qui a longtemps empêché l'ouverture de tout le Japon aux étrangers. De récentes conventions viennent de modifier cet état de choses*, et le jour est proche où il n'y aura plus au Japon de territoire « fermé ».

Entre-temps, le gouvernement impérial a édicté toute une législation civile et pénale traduite des codes français. Il vient même de

* Au moment où nous écrivons ces lignes, quatre nouveaux traités sont déjà signés entre le Japon d'une part, le Mexique, les Etats-Unis d'Amérique, l'Allemagne et la Russie, d'autre part. Ces puissances consentent à renoncer aux privilèges d'exterritorialité de leurs nationaux au Japon qui auront libre accès dans tout le territoire de l'empire. L'entrée en vigueur de ces traités a été fixée aux mois de janvier et de février 1890, avec une période transitoire pour la suppression de la juridiction consulaire. Il est à prévoir que, d'ici là, toutes les puissances auront conclu des traités analogues, afin de mettre leurs ressortissants au bénéfice de l'ouverture d'un marché commercial aussi important.

promulguer une constitution établissant une sorte de régime parlementaire dans le Daï-Nippon. Il est permis de se demander si l'on n'y a pas mis trop de hâte et si toutes ces innovations, excellentes en principe, ne risquent pas d'accroître la confusion qui règne dans les esprits déjà passablement désorientés.

Lancé à toute vapeur sur la voie de la civilisation de l'Occident, mais sans que la ligne ait été étudiée préalablement, le train qui emporte aujourd'hui le Japon continuera-t-il sa course sans encombre ?

Au lendemain de la révolution, cela paraissait impossible ; il y a dix ans, c'était bien douteux ; maintenant cela semble probable. Le gouvernement mikadonal a-t-il dirigé assez longtemps le mouvement pour permettre au pays ébranlé de s'affermir, aux esprits déroutés de reprendre confiance ? Toute la question est là. Après avoir détruit en un jour des fondements dont l'origine se perdait dans la nuit des temps, il était de toute nécessité d'y substituer une base nouvelle. Malheureusement, si l'aristocratie féodale est morte et bien morte, la bourgeoisie qui aurait dû la remplacer n'est pas encore née.

Les hommes de cœur et d'intelligence qui sont à la tête du Japon moderne ont bien compris le danger de la situation, et c'est en Europe qu'ils sont allés chercher ce que le pays était impuissant à produire lui-même. Mais dans ces adaptations ont-ils toujours procédé comme il l'eût fallu? Ont-ils toujours suivi la marche qu'ils devaient suivre? L'avenir le dira.

Il n'y a plus rien aujourd'hui entre le peuple et l'empereur, et il est à craindre que le prestige dont jouissait le nom du mikado n'ait subi quelque atteinte. En gouvernant avec ses ministres, en donnant des audiences, en présidant des cérémonies publiques, en se montrant dans la rue, en portant le costume européen, Moutsou-hito n'agit plus en potentat oriental, « fils et successeur des dieux », tenant son pouvoir de sa divine origine. C'est un chef d'Etat dans l'acception moderne du mot; et on ne lui saura jamais assez de gré de cette transformation. Mais, — et c'est ici que nous posons un point d'interrogation, — la civilisation de l'Occident ayant trois sources principales, qui sont la Grèce, Rome et la religion du Christ, cette civilisation peut-elle exercer sur un pays une influence sérieuse et durable, sans que les idées religieuses, morales, juridiques et philosophiques, qui en forment la base, lui aient tout d'abord préparé le terrain? Nous conservons des doutes à cet égard.

Quoi qu'il en soit, nous n'en suivons pas moins d'un regard sympathique l'évolution de ce peuple japonais, intelligent, à l'esprit vif et prompt, mais superficiel, et nous faisons des vœux sincères pour que l'ère du Meidji, inaugurée en 1868, soit bien véritablement, comme son nom l'indique, une ère de « gouvernement éclairé », et, par conséquent, de progrès, de liberté et de prospérité pour le pays du Soleil-Levant.

TABLE DES MATIÈRES

Extrait du Semeur

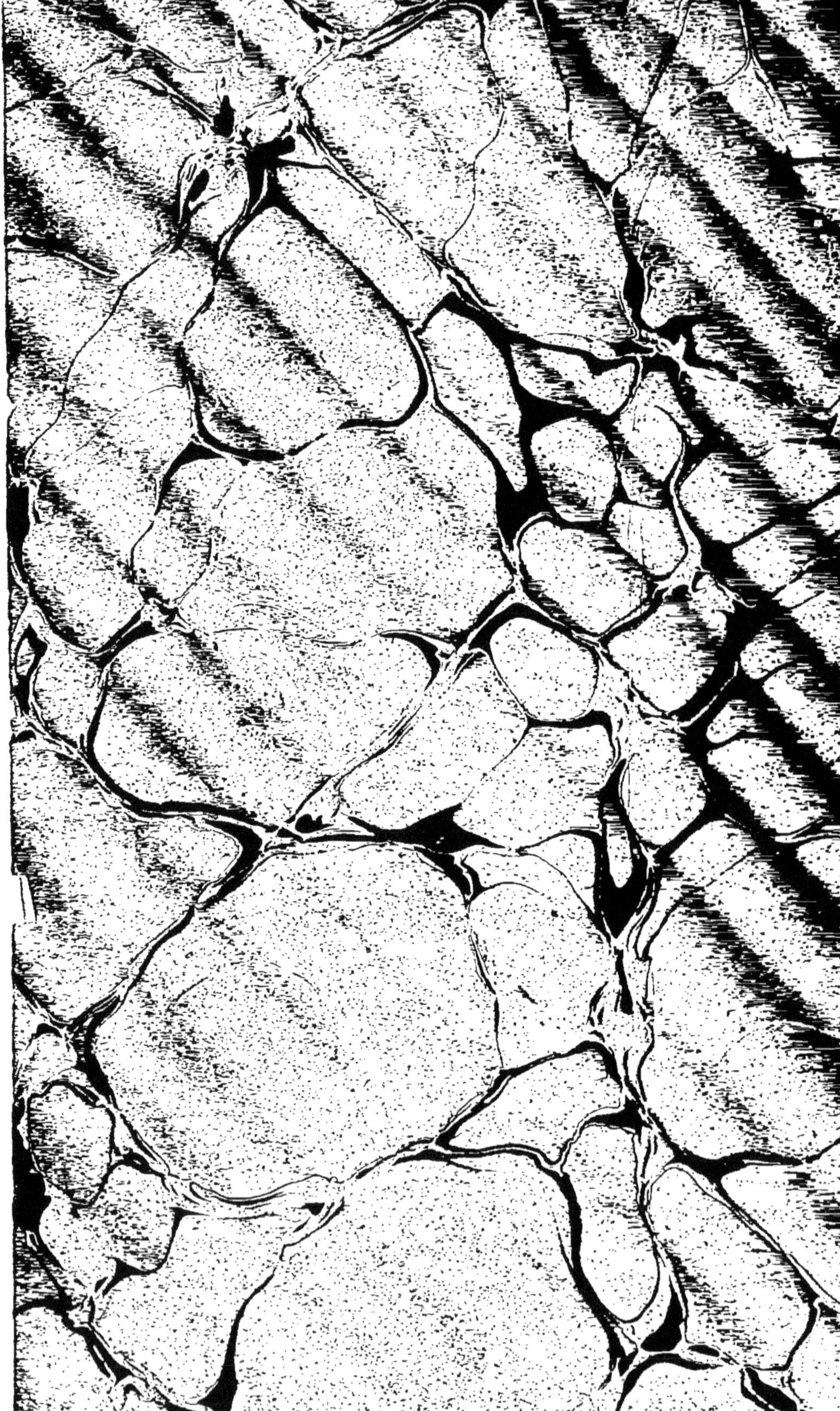

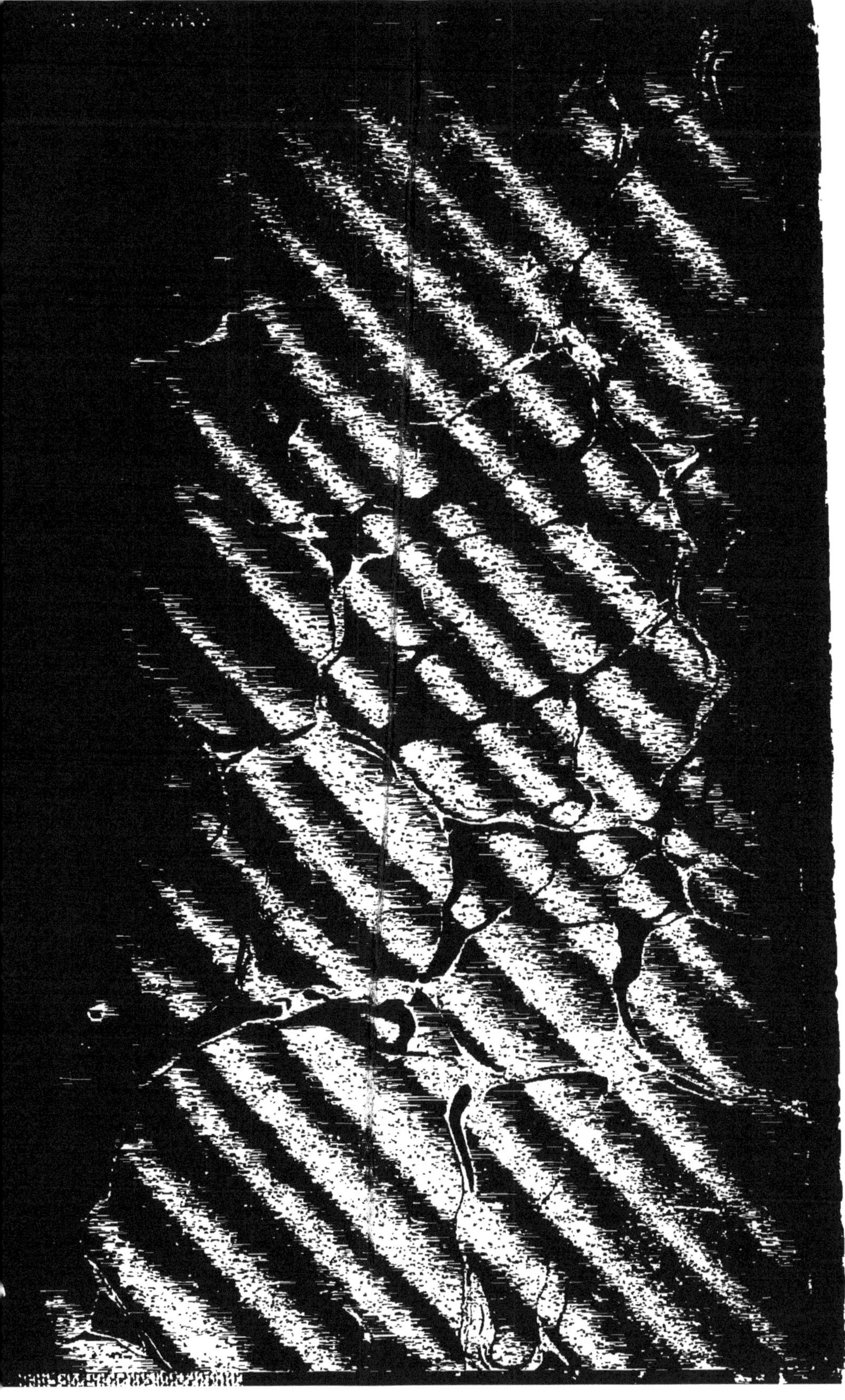

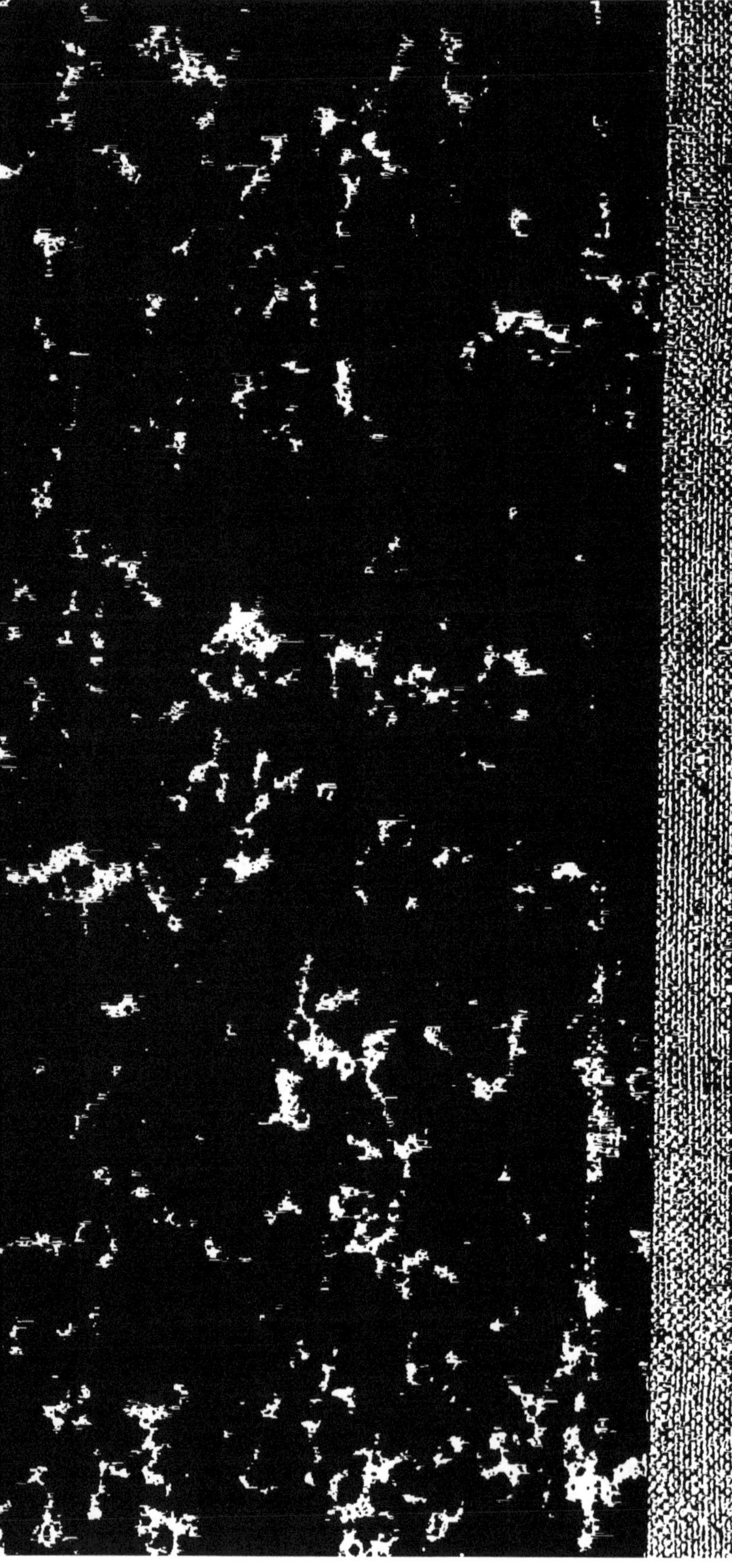

www.ingramcontent.com/pod-product-compliance
Ingram Content Group UK Ltd.
Pitfield, Milton Keynes, MK11 3LW, UK
UKHW021052200726
13857UKWH00003B/904